WINE
SIMPLE
极简葡萄酒

［奥］阿尔多·索姆　［美］克里斯汀·穆尔克◎著

王家宁◎译

北京科学技术出版社

This translation published by arrangement with Clarkson Potter/Publishers, an imprint of Random House, a division of Penguin Random House LLC

Chinese Simplified translation copyright © 2022 by Beijing Science and Technology Publishing Co., Ltd.

著作权合同登记号　图字：01-2021-3429
地图审图号：GS（2021）1062

图书在版编目（CIP）数据

极简葡萄酒 /（奥）阿尔多·索姆（Aldo Sohm），（美）克里斯汀·穆尔克（Christine Muhlke）著；王家宁译. —
北京：北京科学技术出版社，2022.2（2025.2重印）

书名原文：Wine Simple

ISBN 978-7-5714-1928-8

Ⅰ.①极… Ⅱ.①阿…②克…③王… Ⅲ.①葡萄酒—基本知识 Ⅳ.① TS262.61

中国版本图书馆 CIP 数据核字（2021）第 218109 号

策划编辑：	杨　迪
责任编辑：	白　林
图文制作：	源画设计
责任印制：	李　茗
出 版 人：	曾庆宇
出版发行：	北京科学技术出版社
社　　址：	北京西直门南大街 16 号
邮政编码：	100035
电　　话：	0086-10-66135495（总编室）
	0086-10-66113227（发行部）
网　　址：	www.bkydw.cn
印　　刷：	北京捷迅佳彩印刷有限公司
开　　本：	787 mm×1092 mm　1/16
字　　数：	292 千字
印　　张：	16.5
版　　次：	2022 年 2 月第 1 版
印　　次：	2025 年 2 月第 3 次印刷

ISBN 978-7-5714-1928-8

定　　价：128.00 元

 引 言

▶ 基本上，每周中有 5 天的午餐和晚餐时间，我都在伯纳丁餐厅[①]或阿尔多·索姆葡萄酒吧[②]度过。这两个地方相距只有 40 多步，但它们大有不同。伯纳丁餐厅作为纽约市区内的一家米其林三星级餐厅，酒单足足有 40 页，共列有 900 多款价格各不相同的葡萄酒，为顾客提供了多种选择，有的葡萄酒价格高达上万美元一瓶；阿尔多·索姆葡萄酒吧则不同，人们来这儿是为了消遣放松，大家随意地坐在吧台旁或沙发上，这里最便宜的酒每杯仅售 11 美元，酒的种类也较少。但或许它们的区别没那么大，因为这两个地方的顾客经常问我许多类似的问题：我点的食物应该搭配什么酒？我平时经常喝某一款酒，我可以尝尝其他哪款酒？我能在我的预算范围内找到性价比高的酒吗？这两个地方都有葡萄酒"小白"和品酒行家，我的工作就是帮助他们找到最合适的酒。但如果没有他们的配合，我一个人无法完成这件事。

---

① 伯纳丁餐厅：位于纽约市曼哈顿中心区，是一家米其林三星级的法式海鲜餐厅，美国最顶级的餐厅之一。——译者注

② 阿尔多·索姆葡萄酒吧：位于纽约市曼哈顿中心区，店主即阿尔多·索姆本人，也就是本书作者。——译者注

　　攒钱去伯纳丁餐厅吃饭的年轻顾客在发现侍酒师脖子上挂着奇特的银质碟子[①]后，难免会有点儿紧张，他们不想被人发现他们对葡萄酒知之甚少；而在阿尔多·索姆葡萄酒吧他们会更放松，提问的时候也不那么拘束。我希望顾客充满好奇心，因为说实话，如果客人不提出问题，我就无法帮他们找到最合适的酒。我写这本书的目的不仅是介绍葡萄酒的基础知识，也是告诉人们一些能帮助他们了解自己的口味，了解自己喜欢什么酒、不喜欢什么酒的方法。而且，我在这本书中介绍了一些用来描述葡萄酒的术语，这样大家去餐厅、葡萄酒吧或专卖店时能轻松自如地找到使他们感到愉悦的酒。

　　的确，现在很多葡萄酒协会都比较傲慢，用来描述葡萄酒的术语更是数不胜数、难以记忆。但你不必害怕。你只需记住少数术语和一点儿地理知识就足够了。不要给自己太大压力，我自己也永远不可能掌握所有关于葡萄酒的知识。但幸运的是，我一直坚信，要想学到东西，除了疯狂地研究，还要不断地犯错。所以，让我们一起喝起来吧！

---

① 银质碟子：试酒碟，英文名称为tastevin，是一种品酒用的工具，在没有电灯的年代，常被用来评估葡萄酒的颜色、澄清度和成熟度。现在多起象征作用。

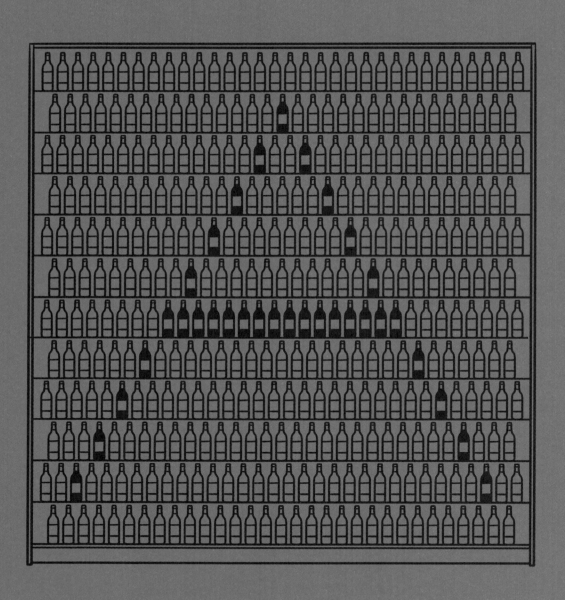

阿尔多·索姆是谁？

*（一个原本讨厌葡萄酒的奥地利小男孩成长为
纽约市米其林三星级餐厅葡萄酒总监的故事）*

▶ 我，以及我的父母，至今都不明白我是如何成为伯纳丁餐厅的葡萄酒总监的。这些年的经历让我明白，当我做好迎接冒险与挑战的准备，并下定决心努力工作时，我的人生便会出现一些奇妙的转折。我们的一生中总有一些事物使我们愿意为之不停地奋斗，不断地获取知识，并在奋斗过程中收获快乐。幸运的是，对我而言，葡萄酒便是其中之一。我一直怀着愉悦的心情不断地学习，不停地品尝各种葡萄酒。

十几岁时，我的梦想是成为一名大厨，那时我住在奥地利的因斯布鲁克。我的一位朋友的父亲当时就在邮轮上做厨师，那种自由的感觉令我十分向往。于是我去了一所烹饪技术学院，跟着一位世界一流的大厨学习烹饪，但我始终难以适应厨房里吵嚷喧嚣的工作环境。之后，我在一家餐厅的后厨做暑期实习生，恰逢餐厅人手不够，老板便安排我去做侍者。那几天我仿佛置身天堂。就连餐厅的主厨都说："天哪，早知道这样，咱俩都能轻松不少！"

19岁时，我在奥地利厄茨河谷的一家旅馆做前台接待工作。那段日子我过得很开心，不仅能凭自己的能力赚钱，闲暇之余还能骑山地自行车。我的第三份工作是在一家高档度假酒店做侍者，负责服侍客人们享用一日三餐。正是这份工作启发了我，让我有了从事与葡萄酒相关的工作的念头。当时有一对瑞士夫妻对美食和葡萄酒怀有极高的热情，他

们甚至会在吃早餐时讨论晚餐吃什么喝什么。我从未见过像这对夫妻一样的妙人！有一次，他们问我他们点的食物应该搭配什么酒，我完全被问住了！于是我买了一些关于葡萄酒的书，在休息时间拼命地阅读和学习。虽然我原本可以随便编点儿瞎话蒙混过关，但那时他们激发了我的好奇心，我很想知道他们的这种热情从何而来。

结果，我也爱上了葡萄酒。我难以相信原来有关葡萄酒的知识有这么多，葡萄酒的种类和产区数不胜数。酿酒是一门艺术，其历史源远流长。我的同事在休息日经常相约出游，而我每次都说："不了不了，我就不去了，我得在吃晚饭前把这本书读完！"我的父亲也有喝葡萄酒的习惯，他一般在周末小酌一两杯奥地利葡萄酒或意大利葡萄酒。有一次我和他一起去买葡萄酒，去之前我做足了功课，然后用我攒的钱买了一瓶1983年的嘉雅酒庄达玛吉干红葡萄酒。那瓶酒现在的价值约为400美元，我着实花了一笔巨款。但当时，它是我最想要的东西。那时的我已经痴迷于美酒佳酿了。

1992年，我在一家五星级度假酒店工作，那时我已经开始专门订购一些关于葡萄酒的书，并将书中的内容进行对比。虽然当时客人们点的大多是每瓶售价为20~50美元的酒，但我已经开始阅读关于葡萄酒分级制度的书。在之后的品酒过程中，我注重观察每一款酒的单宁含量、酒精度①以及风味特征。

---

① 酒精度：准确来说，指酒精体积百分比，酒标上一般表示为"ABV"。由于气候变化，葡萄酒的平均酒精度从20世纪80年代的12% vol上升到现在的13% vol。

下班后，我经常和朋友们一起参加各种品酒会。有时我们会驱车 1 小时去醴铎酒具厂①参加他们为了测试酒杯质量而举办的品酒会。他们的勃艮第白葡萄酒杯的杯型设计得很棒，恰到好处地突出了勃艮第白葡萄酒的水果香气，令我们赞叹不已。我还攒钱买了好几套他们的二等品质的酒杯套装。

20 岁时，我通过努力获得了去阿尔贝格·霍佩茨酒店②工作的机会，当时，那家酒店的葡萄酒非常有名。那里的酒窖是世界上最大的存放大瓶装葡萄酒的酒窖之一，那里的大瓶装波尔多葡萄酒尤其多，比如 8 L 装的玛歌酒庄红葡萄酒和 6 L 装的 1924 年的宝马庄园红葡萄酒。我在那里跟着导师阿迪·维尔纳③工作和学习，还结交了酒窖管理员赫尔穆特·约尔格。我问导师我能不能参加他为顾客办的品酒会，他答应了，并让我安排所有的场次，以及设计每场品酒会的具体策划方案。每场品酒会我都积极参与。我们的品酒足迹不仅限于奥地利和意大利北部，还深入到法国、美国，甚至全世界。（我一直觉得外来事物很有趣。）我的朋友们听闻我把业余时间都花在这种事上，而且分文不取，都难以置信。就这样，我在不断深入了解的过程中，对葡萄酒越来越痴迷。

某年夏天，我父亲把我送去佛罗伦萨学习意大利语，因为他觉得侍酒师应该掌握至少一门外语。学习意大利语之余，我给自己安排了一项任务：品尝基安蒂产区所有酒庄的葡萄酒。在那里，我第一次尝出了不同的风土——葡萄的综合生长环境，包括土壤、气候、地形等——造成的葡萄酒的风味差异。到了那一年的八月份，我甚至闭着眼就能分辨出手中的葡萄酒产自哪个酒庄。

5 年后，我决定考侍酒师资格证，并开始了为期两年的严格的学习和训练。第二年，一位名叫诺伯特·瓦尔德尼格的教授的到来引起了轰动，因为他要代表奥地利参加当年在维也纳举办的世界最佳侍酒师大赛，他问我们谁愿意在比赛期间做他的导游，我毫不犹豫地举了手。到比赛场地我震惊了，每位选手都要在赛场上接受 1~2 小时的评委考核，场下还有很多观众和摄像机，那种氛围、紧张感和压迫感深深地震撼了我。一年后，也就是 1999 年，我获得了侍酒师资格认证，教授打算让我参加下一年的全国葡萄酒侍酒师锦标赛。这我可不行！但教授的团队一直在培训我，让我做问卷测试，训练我对葡萄酒和烈酒的盲品④能力，测试我醒酒、换瓶的技巧，考核我对葡萄酒的描述……他们甚至让我在肢体动作上下了番功夫。那场比赛我本来是第二名，但第一名的参赛资格被取消，我的名次便升为第一。我体会到了比赛的乐趣，迫不及待地想参加之后的欧洲侍酒师锦标赛。

在之后的几年间，我一直在训练和参加比赛，甚至都没有出去看场电影或跟朋友吃顿晚饭，但功夫不负有心人，我最终夺得了 2002 年、2003 年、2004 年和 2006 年的奥地利葡萄酒侍酒师锦标赛冠军。我发现顶级侍酒师在参加比赛时全都说英语，于是我打算去美国工作和学习。我做了一件所有奥地利侍酒师都可能做的事：给沃尔夫冈·帕克写信。结果却石沉大海。但我并不怪他，因为如今我自己也要处理很多来自奥地利的侍酒师的信件。在人们眼中，纽约是"欲望都市"。2004 年，我的导师告诉我，纽约有一位奥地利大厨在寻找合适的侍酒师。

我在沃尔斯餐厅见到了这位大厨——库尔特·古滕布伦纳先生，他认为我简直疯了。当时我在奥地利也算侍酒师行业的翘楚，工作非常有保障。（我在职业技术学院有一个终身制的教学职位，负责学生的赛前培训，我曾经培养出奥地利最佳青年侍酒

---

① 醴铎酒具厂：一家位于奥地利的葡萄酒杯生产厂家。——译者注

② 阿尔贝格·霍佩茨酒店：位于奥地利圣克里斯托弗的阿尔贝格山口，海拔约 1800 米，是一家五星级酒店。——译者注

③ 阿迪·维尔纳：阿尔贝格·霍佩茨酒店的主人，资深葡萄酒鉴赏家、收藏家。——译者注

④ 盲品：指将酒瓶蒙住，单凭酒的颜色、香气和口感去判断酿酒葡萄的品种，以及酒的产区、年份、价位等，有时甚至将酒倒在黑色酒杯中以遮掩酒的颜色，单凭酒的香气和口感判断。此处作者说的是后一种。——译者注

师大赛的冠军，那对我而言也是一种无上荣誉。）他问我为何离开奥地利。我告诉他，人的一生不应该一成不变，我33岁就觉得这样的生活有些无聊，我不想一直无聊到60岁。最后，他当场雇用了我。

2004年7月4日，我飞抵纽约。在这里，我第一次见到了老鼠和蟑螂。我看了几套房，最后买下了布鲁克林威廉斯堡的一间公寓。这间公寓的厨房实在太脏了，我雇了餐厅的一个伙计和我一起打扫，花了整整一周才打扫干净！

2007年，在导师的帮助下，我获得了美国最佳侍酒师大赛的冠军。两周后，纽约最棒的餐厅之一，伯纳丁餐厅，向我伸出了橄榄枝。这家餐厅的主厨和老板都非常厉害，能有机会与他们一起工作，能从他们身上学到知识，我感到非常兴奋。主厨埃里克·里佩特的烹饪水平很高，他做的各种酱料味道层次丰富，如何为他做的菜肴搭配葡萄酒是一项令我激动的挑战。另外，不得不提一下这家餐厅的老板，玛吉·勒科兹女士，从1986年——这家餐厅创立之初——到现在，她一直在管理这家餐厅。我还经常开玩笑说米其林三星的标准就是根据我们老板的要求制定的。

这场比赛的胜利还让我获得了参加2008年世界侍酒师协会举办的世界最佳侍酒师大赛的资格，不过出于个人原因，我没有报名参赛。距离开赛还有8周时，一位之前在世界最佳侍酒师大赛上得过亚军的选手突然退赛，于是当时美国侍酒师协会主席安德鲁·贝尔就来问我愿不愿意参加比赛。我最终决定参加，并且获得了冠军，算是没辜负那段时间的魔鬼训练。

2013年，埃里克和玛吉对我讲了他们的想法，那就是开阿尔多·索姆葡萄酒吧。我之前没想过自己开店。首先，我觉得过度强调自我其实是软弱的表现。伯纳丁餐厅已经这么有名了，我为什么要开一家以我的名字命名的酒吧？其次，大部分纽约人去餐厅是因为菜好吃而非那里的酒有多好。但我转念一想：大多数葡萄酒吧都是由某家餐厅的前任

侍酒师和前任副主厨合伙开的，菜单与他们之前工作的餐厅的菜单相差无几。但我不必这么做，因为伯纳丁餐厅本身就有正宗的顶级大厨。另外，我能结合餐厅和酒吧这两者的优势：既能通过伯纳丁餐厅里的顶级葡萄酒接触资深的葡萄酒鉴赏家，又能通过葡萄酒吧为一些新兴产区的小型酒庄提供售卖和推广葡萄酒的场所。我在餐厅卖出一瓶上等勃艮第白葡萄酒的同时，酒吧里的顾客可能花了11美元，正在品尝一杯来自加那利群岛的葡萄酒。于是，2014年，我们开了这家酒吧。

这是一段不可思议的经历，我在葡萄酒吧遇到的客人们提出的问题，是我写这本书的灵感来源。我希望我们的酒吧里的那种氛围能够延续，所以我写的是一些有趣又浅显易懂的内容。侍酒师听起来可能很厉害，甚至有些傲慢，但我绝非如此。

为了实现写书的想法，我邀请了克里斯汀·穆尔克和我合著。她写过一本关于伯纳丁餐厅主厨的书，叫《与埃里克·里佩特同行》（*On the Line with Eric Ripert*），我们也因此相识，到目前为止已有10多年了。她对美食颇有研究，对自己不甚了解的各种事物，包括葡萄酒，有很强的求知欲，愿意学习和了解。（尽管有时候，我们会因为她所钟爱的自然酒而产生分歧，但我们最终都会妥协，找到中间立场，并且一有机会就拿这件事出来开玩笑。）我想与克里斯汀合作是因为在某种程度上，她就是这本书的目标读者之一，因为我知道有许多人热爱美食，也很想深入了解葡萄酒，却被那些侍酒师的话给吓住了——或者用克里斯汀的话说，他们被"朋友般的说教"吓退了——而且他们也没有时间上葡萄酒课。另外，克里斯汀还是一名城市骑行爱好者，从这一点也能看出，她是一个很大胆、很疯狂的人，能够担起写书的重任。

我不知道多年以前促使我走上侍酒师这条道路的那对瑞士夫妻的姓名，但我真的非常感谢他们。我也希望在看这本书的你，同样能产生对葡萄酒的热情。

为什么你
需要
这本葡萄酒书?

▶️ 因为市面上大多数有关葡萄酒的书——我在本书第 222 页也列出了我喜欢的一些书——都是专业人士写的，目标读者也是专业人士。所以，对初学者而言，那些书的语言风格会使他们望而生畏。我则不同，这本书并非写给我的同行或经验丰富的葡萄酒收藏家，而写给那些想了解葡萄酒，想知道它们是什么、产自哪里的人。我想教会他们如何在葡萄酒的选择上形成主见。他们在看完这本书后，看到葡萄酒酒单时不会再感到畏惧，而会因为酒单上繁多的选项而感到兴奋，目不转睛地仔细挑选。

▶️ 与许多我喜欢的葡萄酒书的作者不同，我并非整天坐在书桌前边品酒边写作。25 年来，每个工作日我都在餐厅帮客人搭配菜肴与酒。我开了上千瓶酒，因与酒单上所列的几百种酒有关的问题被询问的次数更是数不胜数。我尝试挖掘客人过往的喜好，聆听他们有关葡萄酒的令他们担心或沮丧的事，从而给予他们更好的建议，帮他们找到最适合搭配他们点的料理的那瓶酒。这些亲身经历使我形成了一套独特的观点。这本书想要传达的就是我的服务精神，让你不论是在餐厅吃饭，还是去朋友家吃晚餐，中途路过一家看起来不太靠谱的葡萄酒专卖店时，都能选到令你满意的葡萄酒。

▶️ 葡萄酒世界的版图在不停地扩张，所以对我而言，走在发展的前沿非常重要——尤其是留心寻找那些隐藏起来的宝石（价格合适的葡萄酒）。我一直在寻找新的葡萄酒来扩充我的酒单。考虑到某一时刻我的经济水平和全球葡萄酒价格，我常常需要深入到葡萄牙或希腊的一些地区找寻我所需要的葡萄酒，因为在那里，一瓶好酒的价格可能只有 20 美元。这本书能帮你找出那些经典葡萄酒的平价替代品。

▶️ 我自己也酿酒。我意识到，如果我没有亲身体验酿酒的辛苦，我便无法评判一款葡萄酒的好坏。所以我与奥地利一位很有名的酿酒师格哈德·克拉赫合作，创立了我们自己的葡萄酒品牌。这段经历令我感慨万千，我也因此对我倒的每一瓶酒都有了更多的敬意，对酿酒的过程有了更深入的了解，所以我希望与你分享我的感受。

▶️ 我希望普及相关的基础知识，教大家如何买葡萄酒或者在餐厅点酒。更重要的是，我想要开阔大家的视野。我很幸运能与千禧一代一起工作。他们快速获取信息的能力让我非常感慨，工作时，一出现有关葡萄酒的问题，他们就迅速地拿出手机搜索答案。（不得不承认，想到自己 25 岁时还需要专门购买专业书籍，我还是有点儿嫉妒的。）此外，在一起工作的过程中，我感受到这群年轻人在葡萄酒方面的稚嫩与求知欲。他们并不一味地追求名气，只爱大牌的酒，反而非常乐于尝试不同风格的酒。他们看重的是酒的个性和酿酒师采用的工艺，他们想要寻找有故事的葡萄酒。他们并不一味追求法国酒庄里那些高端、昂贵的酒，相反，他们更希望看到一些接地气的、指缝中仍带着泥土的生产商。然而，我在调查时发现，实际上并没有多少书可以真正帮到他们。因为，搜索网站虽然能快速解答许多有关葡萄酒的问题，但无法教会他们如何形成自己的口味喜好。

▶️ 葡萄酒的发展日新月异，许多新兴的产区和酿酒葡萄的品种我甚至从未听说过。几年前汝拉产区的葡萄酒还略显前卫，而如今，新兴产区数不胜数，西班牙的加那利群岛产区、葡萄牙的杜罗河产区、法国的奥弗涅产区等，都有许多令人惊艳的葡萄酒如雨后春笋般不断冒出。所以，虽然我希望在这本书中抛开一些繁文缛节，言简意赅地教会你如何表达自己对葡萄酒的看法，但这只是其一，更重要的是我希望这本书能激起你对葡萄酒的好奇心，愿意跟随新的潮流，不断了解和学习。

▶️ 最后，有关葡萄酒的许多谬论令人对葡萄酒望而生畏，甚至可能因此留下对葡萄酒的刻板印象。我的目的就是揭开葡萄酒的这层神秘面纱，因为有关葡萄酒的真正重要的是——享受。

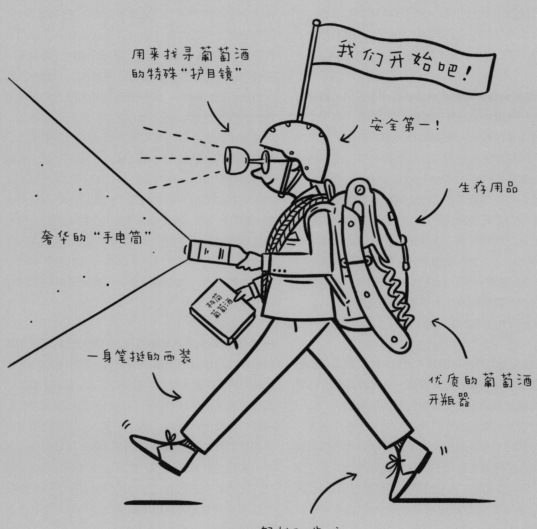

阅读指南

➤我并没有把这本书当作教科书来写，而整理了许多容易理解的知识点，将它们串联起来。不过你最好还是从头开始读这本书！你可以先用它来学习基础知识，等你开始品酒后，也可以再翻翻这本书，看看是否有新的收获。打个比方，假如你先前以为自己喜欢酒体饱满的果香型白葡萄酒，之后发现喜欢的其实是酒体轻盈的芳香型白葡萄酒，那时你便可以再看看这本书，寻找合口味的葡萄酒。再过段时间，当你认定绿维特利纳①白葡萄酒是你的最爱之后（怎么说我也是个奥地利人，梦想还是要有的），你可以翻到"美酒与佳肴"（第225页）这一章学习如何自己在家搭配菜肴与酒。当你准备买瓶酒庆生时，或迷上香槟酒，除了极干型，还想尝尝其他甜度的香槟酒时，你也可以把这本书当作参考资料。

如何确定绿维特利纳白葡萄酒是你的最爱？有些酒你很喜欢，而有些酒你可能无法接受，所以你需要多品尝不同的酒。书固然有用，但实践才是真正的老师。这本书就是你的向导，带领你满怀信心地选购和品尝葡萄酒，并学习有关知识。

本书中会出现许多术语。每个术语第一次出现时，我会给出相应的释义。

最重要的是你一定要从中找到乐趣，不要害怕，要敞开心扉。这是关键所在！永远不要丧失激情，你要知道，没有人能记住所有的东西。我之前问过葡萄酒大师②杰西斯·罗宾逊一个关于葡萄品种的问题，然而令我吃惊的是，这位世界顶尖的葡萄酒专家也会说"稍等，我需要查阅资料"。这告诉我一个很重要的道理：需要学习和研究并不丢脸，不敢提问才是最糟糕的。

① 绿维特利纳：白葡萄品种之一，起源于奥地利，是奥地利种植最广泛的葡萄品种。——译者注

② 葡萄酒大师：由英国的葡萄酒大师学院颁发的专业资格认证，业内认可度极高。

阿尔多的
葡萄酒
法则

多尝、多品。只有这样才能真正了解葡萄酒。

了解一瓶好的葡萄酒自然能学到很多东西，但同时要记住，你不喜欢的酒教给你的东西可能更多。

要敞开心扉，充满好奇心，勇敢地表达你对葡萄酒的热爱。如果销售葡萄酒的人摆出一副不可一世的势利嘴脸，那只能说明他们不是做这行的料。

选酒时，问问一旁的侍酒师或导购，哪款酒最令他们兴奋，这样你能得到最佳的推荐。

葡萄酒的价格与其品质没有绝对关系。我在周末喝的葡萄酒，许多都不超过 25 美元 / 瓶。

如果你不喜欢某瓶葡萄酒刚打开时的味道，可以每隔 30 分钟左右品尝一下，体会其味道的变化。甚至，你可以第二天再品尝。

不要只在特殊的日子才舍得开瓶好酒。

一个优秀的酿酒师比一个好的酿造年份更重要。

葡萄酒的首要任务就是让大家聚在一起。

最后，葡萄酒的世界不受任何法则约束。

目 录

contents

1 到底什么是葡萄酒？　1

葡萄酒的酿造 ………… 4

十大葡萄品种 ………… 32

主要生产国和产区 …………62

2 如何饮酒？　123

阿尔多的饮酒哲学 …………126

如何品酒和发表评论 …………129

按喜好、心情和场合享用葡萄酒 …………144

葡萄酒迷思大揭秘！ …………150

点酒和买酒 …………152

购买葡萄酒的经验之谈 …………166

居家饮酒指南 …………173

3 提高你的品鉴力　203

打造"风味图书馆" …………206

进阶品酒方法 …………209

年份很重要 …………214

葡萄酒收藏入门级指南 …………220

学习资料 …………222

4 美酒与佳肴　225

完美地搭配菜肴与葡萄酒 …………228

当美酒遇到美食 …………230

术语表　240

致谢　242

1

到底
什么是
葡萄酒?

葡萄酒承载着文化与历史，它反映了一种新潮的生活方式，不同国家、不同时代的我们因为它而聚在一起。

▶ 简单来讲，葡萄酒就是发酵的葡萄汁。（或者用稍微专业的表达方式来说，从葡萄中榨取果汁，使果汁中的糖分在天然酵母菌①或人工酵母菌②的作用下发酵并最终转化为酒精和二氧化碳，这样就得到了葡萄酒。）葡萄酒既可以在木桶、不锈钢罐、混凝土罐以及塑料容器中发酵，也可以在埋入地下的陶罐③中发酵。具体选择哪种发酵容器取决于葡萄的品种④与颜色。有些葡萄酒适合在酿造完成后立即装瓶、发售，还有一些适合在装瓶前在发酵容器中多存放一段时间，或在装瓶后、发售前陈化一段时间。这使酒的味道、颜色甚至口感都大有不同。

葡萄在成熟过程中甜度不断增高，酸度则逐渐降低。发酵需要糖，在较为炎热的地区或季节自然生长的葡萄更甜，用它们酿出的酒的酒精度也更高。现在很多酿酒师开始选用相对寒冷的地区（如海拔较高的地区和多雾的沿海地区）种植的葡萄，用它们酿造葡萄酒口感更清爽，酸度也更高，当然，酒精度也更低。这些都是较炎热的产区的葡萄酒所不具备的。

① 天然酵母菌：天然存在的酵母菌，又称野生酵母菌或本土酵母菌。可能附着在葡萄皮上，也可能存在于空气中。

② 人工酵母菌：也叫商业酵母菌，是在酿酒过程中人为添加的经人工培育和改良的酵母菌。

③ 陶罐：从古代便用于酿酒的一种大型黏土器皿。使用时埋入地下，只露出一截密封的罐口。陶罐透气性佳，能使酒液与氧气充分接触，酿出的葡萄酒层次丰富。

④ 品种：葡萄的种类，或由一种葡萄酿成并以该葡萄的种类命名的葡萄酒。

葡萄酒的酿造

➤ 葡萄酒其实就是发酵的葡萄汁。但受多种因素影响,葡萄酒最终在酒杯中呈现的模样有所不同。这些因素包括采摘葡萄的时间和方法(人工采摘还是机械采摘)、压榨葡萄的时间和方法、发酵时有无添加人工酵母菌、葡萄酒的陈化时长,以及所使用的发酵容器等。上述所有因素,以及酿酒的各个环节,都由酿酒师决定,他们的工作便是将原料转化为成品。酿酒师和厨师很像:一开始拿到的原料可能是相似的,但做出的成品品质的好差取决于他们自己。(当然也不能忽视自然因素。)

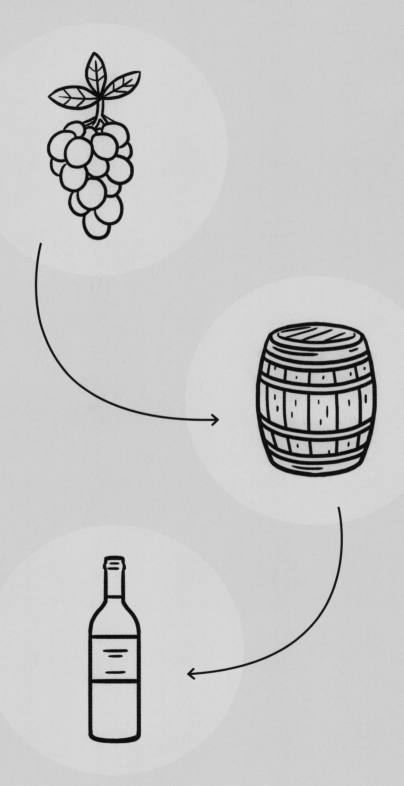

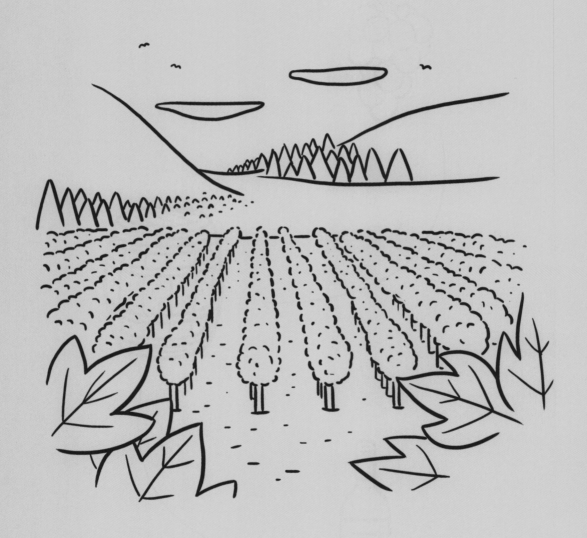

大自然的参与

想酿出好葡萄酒，要花很多心思。
下面是一些影响葡萄生长的关键因素。

◉ 气候

葡萄藤和人一样，都喜欢白天温暖、夜里凉爽的气候。它们喜欢明媚的阳光，但不喜欢过于炎热的气候，还需要适时地补水。高温会使葡萄的成熟度更高、含糖量也更高。用生长在炎热地区的葡萄酿的酒口感更烈、酒精度更高；用生长在寒冷地区的葡萄酿的酒口感更清爽、酒精度也更低。

■ 天气

葡萄园需要时机恰当的降雨。冬季和初夏是葡萄生长过程中的两个关键时期。在收获期，雨水过多会导致葡萄腐烂，而过于干旱也是噩梦，这一点你问问加利福尼亚州的人就知道了。同样，夏季的雹灾也会损坏葡萄藤，甚至摧毁葡萄园。

毫无疑问，天气变化对葡萄酒有极大的影响。对较寒冷地区的葡萄而言，夏季气温升高影响并不大，但冬季气温升高不仅意味着以葡萄藤为食的害虫不会被严寒消灭，还会导致葡萄藤关键的发芽期提前，从而使春季霜冻的危害程度大大增高。（欧洲许多地区的葡萄在 2017 年都遭受了严重的霜冻灾害，一些地区的葡萄产量甚至降低了 90% 以上。试想一下，如果葡萄大幅减产，那么当年就没有酿酒的机会了，这得损失多少钱啊！）

▼ 叶幕管理

酿酒师会在葡萄的生长过程中修剪葡萄藤，而修剪后叶子的数量也会影响葡萄的健康。如果修剪过度，葡萄可能被晒伤。有些葡萄酒尝起来有一股黑巧克力的苦味，就是因为酿酒师使用了晒伤的葡萄。而如果叶子过多，葡萄在多雨的夏季就可能出现发霉和腐烂等问题。

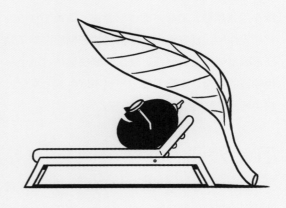

许多人认为充足的阳光是葡萄茁壮成长最重要的因素，然而并不尽然，最重要的其实是阳光、雨水与凉爽的夜晚之间微妙的平衡。

7

酿酒师的选择

在酿酒过程中，酿酒师面临无数个选择，他们做的每个决定都会影响葡萄酒的质量。下面是几个关键的影响因素。

△ 加糖

各国有关葡萄酒的法规有所不同。一些国家允许在酿酒用的葡萄汁①中加糖。这个做法听起来不太利于健康，但事实并非如此。一些生长在寒冷地区的葡萄含糖量较低，而糖是发酵所需的原料，加糖可以提高用这些葡萄酿的酒的酒精度。

● 发酵的温度

酵母菌对温度极其敏感。温度越低，酵母菌发挥作用就越慢，发酵时间也就越长，葡萄的特点也就能更多地呈现在酒中。新西兰的长相思白葡萄酒便很好地体现了这一点，低温发酵使其带有瑞士小鱼软糖的味道。发酵温度过高也不好，因为发酵过快会导致葡萄酒缺少应有的风味。

□ 冷浸渍

这道工序通常在气候温暖的地区进行。待采摘的葡萄冷却，将葡萄挤压出果汁后，放在低温环境中连皮带渣浸泡一段时间以抑制酵母菌发挥作用。这是为了更充分地从葡萄皮中提取色素、酚类物质②和风味物质。经过这道工序，葡萄酒的果味和香气更突出，酒液的颜色也更深。

● 整串发酵

整串发酵指将整串带梗的葡萄（而非一粒粒的葡萄）直接破皮、压榨后放入发酵容器发酵。这一工艺多在酿造红葡萄酒时使用，且一般情况下是将小部分（约占25%）整串带梗的葡萄与大部分一粒粒的葡萄一起发酵。采用这一工艺酿出的葡萄酒不仅单宁更紧实，酸度更高，带有更多清新的草本植物味，而且酒中有二氧化碳产生的少量气泡。葡萄梗含有丰富的单宁，单宁能增强酒体的结构，提高酒的陈化潜力。但要注意，应使用完全成熟的葡萄的葡萄梗。勃艮第产区、罗讷河谷产区、博若莱产区、加利福尼亚州产区和澳大利亚都是运用这种工艺较多的葡萄酒产区或国家。

---

① 葡萄汁：现榨的葡萄果汁。　② 酚类物质：葡萄中的酚类物质多存在于葡萄皮中。葡萄酒中的酚类物质有数百种之多，能影响酒的颜色、风味和口感。

☐ 苹果酸–乳酸发酵

严格来说，这并不是发酵过程，而是对温度敏感的特殊细菌将葡萄酒中口感粗糙的苹果酸（青苹果含有丰富的苹果酸）分解成口感柔和的乳酸（酸奶中有这种酸）和二氧化碳的过程。在这个过程中，酿酒师需要最大限度地精准控制温度。酒桶内温度过低或过高都可能导致该过程中断。霞多丽白葡萄酒和大多数红葡萄酒的酿造都采用了苹果酸–乳酸发酵工艺。品尝霞多丽白葡萄酒时更能体会苹果酸–乳酸发酵对酒的风味造成的影响：经过苹果酸–乳酸发酵，这些酒有奶油味，口感也更加圆润。

▽ 酒泥接触酒液的时长

一般情况下，葡萄酒发酵完成后，酿酒师会将其静置在架子上以使酒液中的酒泥[①]沉淀，而装瓶前让酒液和酒泥这样多接触一段时间，会使酒的口感更饱满、风味更突出。约翰内斯·希尔施是奥地利的一位年轻有为的酿酒师，他习惯在每年的四月和九月装瓶。尽管酒是从同一个酒罐里装的，但我发现，九月装瓶的那些酒由于与酒泥接触的时间更长，味道更好。

● 陈化容器

在橡木桶中陈化的葡萄酒与在不锈钢罐中陈化的葡萄酒在风格上有很大的差异。在橡木桶中陈化的葡萄酒口感更圆润，而在不锈钢罐中陈化的葡萄酒酸度更高，偶尔还会因酒中有二氧化碳而产生少量气泡。在不锈钢罐中陈化的酒多具有还原风格[②]，因为不锈钢罐密封性好，惰性气体无法逸出。

△ 澄清

通过添加膨润土（一种黏土）、蛋清或鱼胶等物质，将引起酒液混浊的物质凝结成颗粒或团状物，最后一并过滤掉，从而确保葡萄酒口感稳定、酒液澄清。一些自然酒酿酒师对这一方法有异议，因为这一方法也可能除去葡萄酒中一些有益于人体的成分（如抗氧化剂）。

☐ 过滤

未经过滤的葡萄酒中有杂质，看起来有些混浊。但这一特点却正是一些热爱自然酒的人所看重的。不要认为酿酒师是因为懒所以不过滤葡萄酒，其实未经过滤的葡萄酒风味更丰富。

● 静置

葡萄酒装瓶后，可能因长途运输而导致香气闭塞。我称这种现象为"晕瓶"。将晕瓶的酒在适宜的环境中静置一段时间，就能使其恢复原本的味道。静置的时长由酿酒师决定。

---

① 酒泥：由死亡的酵母菌与少量的葡萄皮、葡萄梗、葡萄籽和酒石酸等组成的沉淀物，沉淀在发酵容器底部。

② 还原风格：在发酵过程中，由于葡萄酒与氧气的接触大幅减少，酒中可能出现卷心菜味、酸菜味、臭鸡蛋味、橡胶味、点燃后的火柴味、污水味和臭鼬味等。

酿酒容器

酒罐

不锈钢材质或塑料材质的酿酒容器，不会减少酒的风味，也不会为酒增添新风味。

双耳细颈黏土酒罐

一种用黏土制成的酿酒容器，使用时可以置于地面，也可以埋于地下。使用这种容器酿酒可以为酒增添红茶菌味和盐味。此外，格鲁吉亚人数千年来一直使用一种由赤陶土制成的、名为"奎弗瑞"的蛋形大陶罐来酿酒，与双耳细颈黏土酒罐不同的是，这种容器在使用时必须埋于地下。

传统酒桶

传统的酿酒容器材质一般为木材或不锈钢，它们会对酒的风味产生影响。这些容器的容量不固定，小型酒桶的容量仅有 100 L，大型酒桶的容量可达 10,000 L。

橡木桶

由橡木制成，可以给葡萄酒增添丰富的果味和香料味，还能使葡萄酒的口感变得柔和，因为葡萄酒在橡木桶中可以"呼吸"，微量的氧气与葡萄酒发生氧化反应，使葡萄酒中的单宁逐渐变得柔顺、细腻。而用不锈钢酒罐酿造的葡萄酒单宁紧实，因为氧气无法进入酒罐。

蛋形混凝土发酵罐

这种由混凝土制成的酿酒容器在当下非常流行。使用这种容器酿造的葡萄酒单宁细腻，口感饱满。酿酒师认为混凝土罐和橡木桶一样，都可以柔化酒中的单宁。微量的氧气可以进入混凝土发酵罐，赋予葡萄酒独特的（也是近年来人们喜爱的）口感。

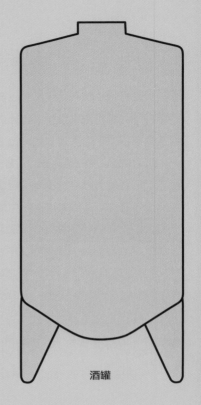

酒罐

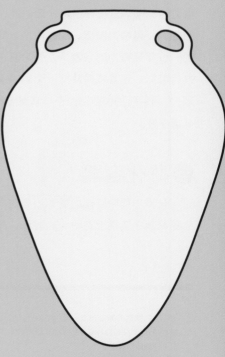

双耳细颈黏土酒罐

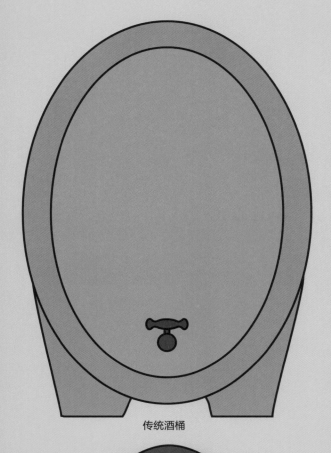

传统酒桶

关于橡木

　　很久以前，人们使用橡木桶酿酒纯粹是因为运输方便。直到一些酿酒师发现在橡木桶中存放过一段时间的葡萄酒味道更好，这种容器才开始大放异彩。后来，一些顶级的葡萄酒评论家开始青睐带有橡木味的葡萄酒。所以，目前仍有橡树存活而没有全部被做成橡木桶，令我有些惊讶。的确，橡木桶能赋予葡萄酒更多的风味，但这也取决于使用的橡木的产地和橡木桶的使用次数（橡木桶的使用次数越多，它赋予酒液的风味就越少）。你分别尝一尝西班牙里奥哈产区和美国加利福尼亚州产区的霞多丽白葡萄酒，就能明白我的意思了。当然，橡木味过重也不是好事。一些大型酿酒厂在酿酒过程中使用成本较低的橡木片，甚至橡木屑，使得原本用来赞扬霞多丽白葡萄酒的语句——"口感如奶油般顺滑，有橡木味和黄油味"——变成对葡萄酒的侮辱性评价。近年来，加利福尼亚州的酿酒师已经改变酿酒风格，不再制造这种"香料炸弹"了。

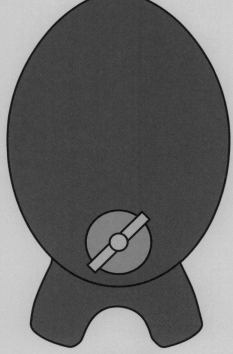

蛋形混凝土发酵罐

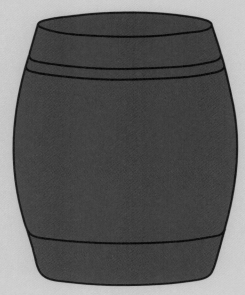

橡木桶

酿造方法

白葡萄酒

→ 酿造白葡萄酒很简单！总体来说，不论白葡萄是否浸皮①，都能酿出白葡萄酒。而浸皮能使葡萄酒风味更突出、口感更复杂。

用红葡萄酿造的白葡萄酒

凡事皆有例外，酿造葡萄酒亦如此。用红葡萄酿造的白葡萄酒被称为"黑中白葡萄酒"。黑中白香槟酒就是由黑皮诺和/或莫尼耶皮诺两种红葡萄酿成的。用红葡萄酿造白葡萄酒时，为避免葡萄皮中的色素进入酒液，酿酒师会省去浸渍（详见第14页）这一步骤，在葡萄破皮后迅速去除果皮、压榨果肉。

① 浸皮：将葡萄汁与葡萄皮浸泡在一起发酵，使葡萄皮中的色素、风味物质和酚类物质（比如单宁）充分进入酒液。

如何酿造白葡萄酒?

1. 将葡萄去梗、破皮，或将整串葡萄带梗破皮。

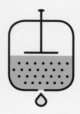

2. 葡萄去皮、去籽、压榨，去除葡萄渣，取葡萄汁。

3. 将葡萄汁发酵为葡萄酒。

4. 将葡萄酒暂时储存在发酵容器中，或转移到橡木桶中陈化较长时间。

5. 过滤，装瓶，立即发售。

红葡萄酒

→ 压榨一颗红葡萄的果肉，得到的葡萄汁是无色的。因为红葡萄酒的颜色来源于葡萄皮而非果肉，通过浸渍①，葡萄皮中的色素才得以进入葡萄汁，葡萄皮中的单宁也是这样被提取出来的。葡萄皮越厚，所需的浸渍时间就越长。有些红葡萄（如赤霞珠和梅洛）果皮较厚，有些红葡萄（如黑皮诺、佳美、内比奥罗和歌海娜）果皮较薄，很明显，用前者酿造的葡萄酒酒液颜色更深。

不要被一些酒液颜色较浅的红葡萄酒欺骗，颜色浅并不意味着酒的果味淡或酒体轻盈，颜色较浅的红葡萄酒也并不一定比颜色较深的红葡萄酒品质差。颜色的差异是由葡萄皮的厚度和浸渍的时长决定的。实际上，如果看到一瓶颜色很深的黑皮诺红葡萄酒，那你基本可以确定，这瓶酒在酿造时掺杂了其他品种的葡萄。

① 浸渍：将葡萄汁、葡萄皮、葡萄渣、葡萄籽和葡萄梗一起浸泡，以提取色素、风味物质和酚类物质（比如单宁）。

如何酿造红葡萄酒?

1. 将葡萄破皮、压榨、浸渍。

2. 将其发酵为葡萄酒。

3. 去除葡萄渣，取酒液。

4. 将酒液放在橡木桶中陈化（陈化时长取决于酿酒师）。

5. 过滤，装瓶，直接发售或在酒瓶中继续陈化。

桃红葡萄酒

→ 桃红葡萄酒是用红葡萄酿成的，因只需少量色素，所以酿酒师在酿造时通常只需将葡萄浸渍几小时。桃红葡萄酒通常需要用几种葡萄混酿，如使用慕合怀特、黑皮诺和歌海娜，有时酿酒师还会在酿好的酒中添加少量白葡萄酒。

近几年，桃红葡萄酒在美国大受欢迎。2017 年，它是全美国所有类别的饮料中销量增长最快的，其销量年增长率高达 25%。人们对普罗旺斯产区①的桃红葡萄酒的需求量甚至超过了该产区桃红葡萄酒的供应量。除此之外，你可以尝尝其他产区的桃红葡萄酒，如美国加利福尼亚州产区的露露颂（Ode to Lulu）酒庄、法国桑塞尔产区的瓦舍龙（Vacheron）酒庄、德国的施泰因（Stein）酒庄和奥地利的高博（Gobelsburg）古堡出产的桃红葡萄酒。

橙酒

→ 橙酒起源于斯洛文尼亚和意大利东北部，深受现在的自然酒爱好者的欢迎。橙酒的酿造方法基于古老的格鲁吉亚王国的酿酒技术，与红葡萄酒的酿造方法类似，但酿酒葡萄选用的是白葡萄。酿酒时，将葡萄浸渍数月以提取更多的风味物质和单宁，这也意味着橙酒的口感与红葡萄酒的口感相似。橙酒的橙色来自葡萄皮中的黄酮类化合物。橙酒风味浓郁醇厚，多带有还原味。

---

① 普罗旺斯产区：法国的葡萄酒产区之一，曾因出产的葡萄酒大多风味单一而受到人们的轻视。——译者注

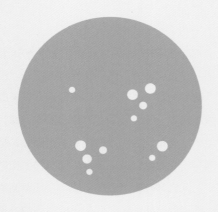

起泡酒

对多数人而言，起泡酒可能是宴会场合喝的第一杯酒。但在伯纳丁餐厅，为了证明起泡酒不仅可以做餐前酒，而且可以搭配各种食物，我将菜单上的每道菜都与不同的起泡酒做了搭配，并因此出了名。实际上，我认为起泡酒是葡萄酒中最适合用来搭配食物的酒。

起泡酒易饮，但酿造起来并不容易。一般情况下，酿造葡萄酒只需发酵一次，而酿造起泡酒则需发酵两次，这要求酿酒师拥有精准的把控能力。二次发酵①赋予了起泡酒复杂的风味，这也是起泡酒价格高昂的原因。

制作贴有"加气葡萄酒"（sparkling wine）标签的酒最简单，采用二氧化碳添加法即可，也就是直接把二氧化碳注入白葡萄酒或桃红葡萄酒。这种方法成本较低，成品酒中有一些又大又圆的气泡。另外，如果一瓶起泡酒售价为 3.99 美元，那么这瓶酒一定没有经过转瓶和补液②这两道工序。

罐中发酵法

代表酒：蓝布鲁斯科起泡酒、普洛赛克起泡酒

这种发酵方法也叫"查玛法"，是将首次发酵完成的酒液转移到不锈钢酒罐中二次发酵，随后过滤、补液，就可以装瓶、发售了。采用这一方法可以降低酿酒的成本，但成品的风味比较简单，口感也不复杂。（对不住了，普洛赛克起泡酒。）

2

原始酿造法

代表酒：自然起泡酒③

这一方法又称"乡村法"或"古传制法"。一些专家认为该方法比传统酿造法出现得早。目前该方法越来越常用。和其他葡萄酒一样，起泡酒首次发酵的场所一般也是酒桶（或不锈钢酒罐、混凝土酒罐）。首次发酵后，在残糖④全部转化为酒精和二氧化碳之前，将酒冷却、转瓶（定期旋转酒瓶并使酒瓶逐渐倾斜，直至瓶口垂直向下，瓶内的酒泥沉淀在瓶口）、过滤，然后装瓶。装瓶后的酒在瓶中二次发酵，至少两个月后才可以饮用。使用这种方法酿造的酒气泡较少、口感清爽，且非常易饮。帕特里克·博特克斯酒庄的布热-塞尔东起泡酒便是一款我很喜欢的、使用这种方法酿造的酒。你会发现，越来越多的酿酒师开始采用这种方法来酿造一些时髦的自然起泡酒。

---

① 二次发酵：葡萄酒第二次发酵的过程。

② 补液：在酒中加葡萄酒与糖的混合液，或蒸馏后的（浓缩的）葡萄汁。

③ 自然起泡酒：一种起泡程度较低、口感偏甜的葡萄酒。

④ 残糖：发酵结束后酒中剩余的糖，即没有转化为酒精的糖。

罐中发酵法	原始酿造法

1. 在不锈钢酒罐中首次发酵。

1. 在酒桶或不锈钢酒罐、混凝土酒罐中首次发酵。

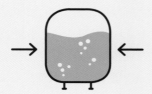

2. 转移到更大的不锈钢酒罐中二次发酵。

2. 将含有残糖的葡萄酒冷却、转瓶、过滤、装瓶。

3. 过滤、补液。

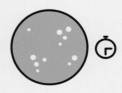

3. 在酒瓶中二次发酵至少两个月。

4. 装瓶、发售。

4. 可以开瓶饮用了!

3

传统酿造法

代表酒：香槟酒、卡瓦起泡酒、克莱芒起泡酒

这种酿造方法在法国被称为"香槟法"，在意大利被称为"古典法"，在南非被称为"开普古典法"。这是酿造起泡酒最复杂的方法。首先要调配①基酒（法语为 vin clair），一般使用的是黑皮诺红葡萄酒、莫尼耶皮诺红葡萄酒和霞多丽白葡萄酒。调配过程中，酿酒师需要不停地品尝，找到几种酒最完美的比例，有时还需要添加一些陈年葡萄酒。他们将调配好的酒倒入橡木桶或者大型传统酒桶二次发酵，偶尔也会使用蛋形混凝土发酵罐或不锈钢酒罐。

我尝过这些基酒，用它们酿酒极具挑战性。这些酒柑橘味较重，喝一口就会令人口干舌燥。这也说明二次发酵可以极大地改变酒的口感。

得到基酒之后，添加再发酵液（葡萄酒、糖和酵母菌的混合液），就可以装瓶了，装瓶后用皇冠盖②封口，然后水平放置在酒窖中二次发酵，发酵时长为 4~6 周。

二次发酵的过程中，葡萄酒有了气泡，变成了起泡酒，这些起泡酒会继续与酒泥（之前添加的再发酵液中的酵母菌死亡后沉积在酒瓶底部）一起陈化。这一步骤能极大地提高酒的品质。在西班牙，卡瓦起泡酒在二次发酵过程中必须与酒泥一起陈化至少 9 个月（优质的酒甚至需要与酒泥一起陈化 30 个月）。年份香槟酒需要与酒泥一起陈化至少 36 个月，也就是 3 年！经此步骤，酒中的气泡更加绵密，酒的风格更加优雅。

如果所有起泡酒的装瓶规格都是（半瓶装 375 mL），那么二次发酵到此就可以结束了。想得到标准瓶装的起泡酒，需要消耗大量的时间和人力。（你如果同时品尝同一酒庄出产的标准瓶装的起泡酒和半瓶装的起泡酒，就能发现二者在口感复杂度上的差异。另外，不得不说，1.5 L 的大瓶装起泡酒的口感比 750 mL 的标准瓶装起泡酒的口感好。）

要想得到标准瓶装的起泡酒，需要转瓶。这一步需要消耗数周时间，在此期间，酒瓶在旋转过程中逐渐从水平状态变为几乎完全倒置的状态，酒泥沉淀在瓶颈处。如果水平放置酒瓶，酒泥会附着在酒瓶内壁上，无法沉淀到瓶颈处。尽管目前有一些酿造卡瓦起泡酒的酒庄用机械转瓶，几天即可完成这一步骤，但一般情况下，转瓶仍需要消耗大量时间和人力。

下一步是除渣。首先将瓶颈浸入化学溶液，使瓶口的酒泥结冰；然后用特殊工具将瓶盖打开，酒泥会立刻喷出。由于在这个过程中会损失一些酒液，所以要补液，也就是根据酒的类型（天然极干型、特级干型和极干型等）加入葡萄酒和糖的混合液（或蒸馏后的葡萄汁）。补液可以调节酒的甜度，类似于上菜前为了突出和升华菜的味道而撒一小撮盐。

完成上述步骤后，用合适的软木塞封瓶，可以在瓶颈处套一层起保护作用的铁丝网套，防止软木塞因压力过大而弹出，毕竟酒瓶内的气压较高，几乎是汽车轮胎内部气压的两倍。

① 调配：酿酒师将几种葡萄酒按比例混合。　② 皇冠盖：一种侧边有许多脊状突起的瓶盖，多用于给啤酒瓶和汽水用玻璃瓶封口。

传统酿造法

1. 不同葡萄酒在橡木桶（或酒罐）中首次
   发酵完成后取出，按需求调配基酒。

2. 在基酒中添加再发酵液，装瓶。

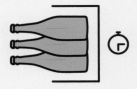

3. 用皇冠盖将瓶口密封，将酒瓶水平放置，
   二次发酵。发酵完成后，
   将起泡酒与酒泥一起陈化。

4. 转瓶，使酒泥逐渐沉淀在瓶颈处。

5. 将瓶颈部分冷冻，用特殊工具打开瓶盖，利
   用瓶内的气压将冻结的酒泥冲出来，完成除渣。

6. 通过补液来调整酒的甜度。

7. 用软木塞封瓶，在瓶颈处套一层铁丝网套。

起泡酒有多甜?

根据补液后酒中的残糖含量,起泡酒分为"天然极干型""特级干型""极干型"等类型,这些术语经常出现在酒标上。下面是最常见的几种类型。

天然极干型(残糖含量为 0~3 g/L)

你如果刚开始喝香槟酒,不要轻易尝试这种酸度极高且口感紧涩[1]的香槟酒。不过,陈化 10 年左右的天然极干型香槟酒绝对是令人难以忘怀的佳酿。我至今仍会不时地回味我喝过的那瓶 2002 年的普雷沃斯特庄园香槟酒。

→ 尝一尝:杰罗姆·普雷沃斯特酿造的拉克罗西酒庄比昆尼(La Closerie Les Béguines)香槟酒,唯爱忠诚(Vouette & Sorbée)香槟酒。

特级干型(残糖含量为 0~6 g/L)

这种起泡酒带有浓郁的柑橘味,口感略微酸涩。

→ 尝一尝:夏尔多涅 – 泰耶酒庄兰斯小径(Chartogne-Taillet Chemin de Reims)香槟酒,阿格帕特父子(Agrapart & Fils Minéral)香槟酒

极干型(残糖含量为 0~12 g/L)

如果你喝起泡酒的次数不多,那么这种酒能带给你最愉快的体验。较高的残糖含量使这种起泡酒易饮、口感层次较丰富。

→ 尝一尝:你如果喜欢偏甜的酒,可以尝尝凯歌(Veuve Clicquot)香槟酒或酩悦皇室极干型(Moët & Chandon Brut Impérial)香槟酒,这两款酒残糖含量较高。此外,你还可以尝尝路易王妃(Louis Roederer)香槟酒庄和沙龙贝尔(Billecart-Salmon)香槟酒庄的香槟酒,这两个酒庄的香槟酒没那么甜。

---

① 紧涩:指葡萄酒入口后造成的口干以及轻微发涩的感觉,通常是由单宁与舌头上的蛋白质结合导致的。

只有法国的香槟产区出产的起泡酒才可被标为"香槟酒"。

有关糖和起泡酒的小知识

给酒加糖或补液的目的与人们使用化妆品的目的差不多:掩盖瑕疵。化妆品可以使大多数人看上去更漂亮,但如果化得太浓,别人就无法了解你本身的容貌。起泡酒也是如此。但也不能因此完全不加糖。我之前与夏尔多涅-泰耶酒庄的庄主亚历山大·夏尔多涅一起做过一次起泡酒品鉴活动——测评补液的效果。我们按照残糖含量,从低到高依次品尝了补液量不同的香槟酒,整个过程十分有趣。天然极干型香槟酒尝起来又涩又酸,像在嚼一块石头。随着甜度增加,酒的风味逐渐在口中绽放……直到糖的味道占据主导地位,掩盖了酒的风味。你可以想象一下,在柠檬汁中加适量糖,柠檬汁酸度降低,变得好喝,但糖加得太多就会使柠檬汁甜得发腻。这跟香槟酒的补液原理相同!

近几年,香槟酒中糖的添加量明显下降,部分原因是葡萄的含糖量提高了(这与气候变化有关)。除此之外,一些小型单一葡萄园将重心放在了种植上,所以收获的葡萄品质有所提升。这使得基酒的风味更丰富,口感更复杂,不需要添加那么多糖。(一些大型香槟酒庄由于葡萄需求量过大,经常需要从产区内的各个葡萄园大量采购葡萄,所以不得不放弃对葡萄品质的高要求。尽管有些香槟酒庄可以妥善地应对这一挑战,但它们的解决方法通常是提高糖酒混合液中糖的比例。)

备忘录

起泡酒

产地：世界各地

风格概述：果味，偏酸

酿造方法：传统酿造法，罐中发
酵法，二氧化碳添加法

陈化时长：各不相同

售价：每瓶 10~30 美元

普洛赛克起泡酒

产地：意大利

风格概述：果味，偏酸

酿造方法：罐中发酵法

陈化时长：0

售价：每瓶 10~15 美元

蓝布鲁斯科起泡酒
（使用红葡萄酿造）

产地：意大利

风格概述：深色浆果味，花香，
偏酸

酿造方法：罐中发酵法（商业化
生产模式），原始酿造法

陈化时长：0

售价：每瓶 15~25 美元

卡瓦起泡酒

产地：西班牙

风格概述：果味，偏酸

酿造方法：传统酿造法

陈化时长：9 个月（标准级），
15 个月（珍藏级），30 个月（特
级珍藏级）

售价：每瓶 10~25 美元

自然起泡酒

产地：世界各地，但主要在
法国

风格概述：红茶菌味，偏酸

酿造方法：原始酿造法

陈化时长：0

售价：每瓶 15~30 美元

香槟酒

产地：法国

风格概述：果味，烘烤味，偏酸

酿造方法：传统酿造法

陈化时长：15 个月（无年份香
槟酒），36 个月（年份香槟酒）

售价：每瓶 30 美元以上

什么是
自然酒酿造?

➡️ 目前"传统派"酿酒师与"自然派"酿酒师展开了一场声势浩大的"辩论赛"。"传统派"酿酒师为了酿造自己想要的酒，会在葡萄上喷洒杀虫剂并在酿酒时使用一些化学物质；"自然派"酿酒师则认为应使用有机葡萄或采用生物动力法种植的葡萄酿酒，原汁装瓶，不添加任何糖、亚硫酸盐[①]、酸化剂等成分，且酒液无须澄清和过滤。我发现，自然酒酒液混浊、口感活泼（风味变化很快）。下面是一些有关自然酒酿造的知识。

自然酒

自然酒的酿造要求：采用有机栽培法或生物动力法种植且在生长期间不使用任何杀虫剂的葡萄；不在葡萄汁中添加任何化学物质来改变其原有的味道；在发酵环节尽可能地减少人为干预，比如添加酵母菌或使用化学物质来调节酸度；酒液无须过滤（所以自然酒才拥有标志性的混浊酒液）；为了便于保存，可以在装瓶环节添加微量的亚硫酸盐。并非所有的自然酒都能被认证为有机葡萄酒，而更令人费解的是，并非所有的有机葡萄酒或生物动力葡萄酒都是自然酒。你如果想弄清楚，就继续读下去吧！

有资格颁发"USDA 有机认证"的机构是美国农业部，而"生物动力法认证"由德米特国际联盟颁发。因此，美国国内的葡萄酒瓶身上可能有两种有机认证标志。有"USDA 有机认证"标志的葡萄酒是用有机葡萄酿成的，酿酒过程中添加的所有成分，比如澄清剂[②]和酵母菌，都是有机的。此外，这种葡萄酒在酿造过程中不添加亚硫酸盐，不过酒中有一些自然生成的亚硫酸盐。虽然不添加亚硫酸盐听上去是件好事，但事实并非如此，因为亚硫酸盐对葡萄酒来说是最佳的防腐剂。这也是为什么我们在市面上很少见到带有"USDA 有机认证"标志的葡萄酒。

"使用有机葡萄酿造"

美国的葡萄酒的酒标上印有"使用有机葡萄酿造"标志，说明这种酒对添加剂的要求与获得"USDA 有机认证"的葡萄酒对添加剂的要求大致相同。但不同的是前者允许添加亚硫酸盐，红葡萄酒中二氧化硫的残留量不能超过 0.1‰，白葡萄酒和桃红葡萄酒中二氧化硫的残留量则不能超过 0.15‰。

在欧洲，用有机葡萄酿造并使用有机添加剂的葡萄酒可以获得欧盟的有机葡萄酒认证。获得该认证的葡萄酒不得添加转基因成分。该认证对二氧化硫的管控要求与美国的"使用有机葡萄酿造"这一认证的要求相同。

---

① 亚硫酸盐：一种具有防腐作用的食品添加剂，可以在酿酒过程中，通常是装瓶前添加，也可以在发酵前涂抹在葡萄皮上。其酸酐为二氧化硫。

② 澄清剂：酿造葡萄酒时添加的一种制剂，其作用是去除酒中的微量蛋白质等能使酒液变混浊的物质。膨润土、蛋清和酪蛋白都可用作澄清剂。

生物动力法

生物动力法源于 20 世纪 20 年代的奥地利哲学家鲁道夫·施泰纳的理论，它与有机栽培法的共同点在于都不使用化学物质。但生物动力法更强调整体性。将农场视作一个相互关联的生态系统，农场内所有的植物、牧区、林区、动物、土壤、堆肥，包括这片区域的"精神"都是生态系统的一部分，它们相互依存、自给自足，整个生态系统和谐运转。农场主还会根据月亮运行周期来决定施肥、种植以及采摘葡萄的时间。这也改善了土壤的健康状况。（一些农场主会将处于哺乳期的母牛的粪便埋在土壤中过冬，来年春天再把它们用作堆肥。）

如果一瓶葡萄酒的酒标上印有"生物动力法认证"标志，就说明酿造这瓶酒所用的葡萄是采用生物动力法种植的，且酿酒师并未在酿酒过程中进行任何常见的人工干预，比如添加酵母菌等。此外，若一款葡萄酒的酒标上印有"使用以生物动力法种植的葡萄酿造"，则表明酿酒师虽然选用了以生物动力法种植的葡萄，但酿造过程中并没有生物动力法认证要求得那么严谨。"生物动力法认证"由德米特国际联盟颁发，但由于获得这一认证成本较高、所需时间较长，所以目前越来越多的酿酒师选择采用生物动力法种植葡萄，但不进行认证。

我问过许多酿酒师为何选择这种有些玄妙的种植方式。来自法国阿尔萨斯、获得葡萄酒大师头衔的酿酒师奥利弗·鸿布列什告诉我，生物动力法有许多要求，比如不修剪葡萄藤上的叶子以使更多的叶子遮住葡萄，他在改用这一方法种植后，酿的葡萄酒的酒精度降低了。（不同于大众认知的是，酒精度过高并不是一件好事，因为这会掩盖葡萄酒的风味并导致葡萄酒入口时产生灼烧感，影响人们品酒的愉悦感。）另一位法国酿酒师阿尔弗雷德·泰斯龙也在庞特-卡奈古堡的葡萄园中采用生物动力法种植葡萄，并使用双耳细颈黏土酒罐来陈化葡萄酒，经过这番操作，葡萄酒的品质大幅提升，葡萄酒评论家对该酒庄的酒的评分也都大幅提高。（葡萄酒评分相关内容详见第 169 页。）一些酒庄选择默默地完成这种转变而不做宣传，比如著名的罗曼尼-康帝酒庄、勒弗莱酒庄和一些出产水晶香槟酒的酒庄，但大多数酒庄选择直言不讳。杰西斯·罗宾逊在著作《24 堂葡萄酒大师课》（*The 24-Hour Wine Expert*）中提到："生物动力法听起来非常疯狂，但令人激动的是，它往往能成就一些品质极佳的葡萄酒，并且能使葡萄园更健康。"

可持续发展认证

此认证要求酿酒师采取一系列有利于生态保护且对社会负责的举措。这涉及许多方面，比如酒庄如何管理其水资源和使用能源，是否使用轻型酒瓶以减少运输过程中的碳足迹，酒庄如何与周边社区和谐共处……践行可持续发展理念的农场主大多采用有机栽培法或生物动力法种植葡萄，或根据自己的葡萄园或所在产区的情况灵活选择最合适的种植方法。除环境管理体系认证（EMS）、鲑鱼保育计划（Salmon-Safe）和可持续实践认证（SIP Certified）等一些与可持续发展相关的、由第三方机构对葡萄酒实行的认证外，一些区域性产业联盟还试图制定更明确的标准。总体来说，可持续发展这一理念实施起来成本很高，但非常具有前瞻性，能够帮助我们更好地应对气候变化。

说说
自然酒

➤ 葡萄酒爱好者们对自然酒的态度明显两极分化。各路人士对此议论纷纷，甚至涉及政治层面，左右两派各抒己见，互不相让。我其实一直对自然酒持批判态度。是的，我很尊重所有酿造这种酒的酿酒师，也理解我的同行、朋友和一些年轻侍酒师对这种酒的热爱。自然酒口感活泼多变，喝着有点儿像苹果酒和红茶菌饮料，甚至可能带有老鼠笼子的味道，这些都是它的特点，但很遗憾，这些都不是我喜爱的特点。只能说，酿造自然酒非常有趣，我对自然酒未来的发展状况也非常期待。

自然酒是由一些打破成规（这是我最喜欢的一点）的酿酒师以有机葡萄或用生物动力法种植的葡萄为原料酿的酒，这些酒往往产量较低。

在自然酒的酿造过程中，酿酒师不会添加或去除任何成分。传统派酿酒师经常使用的化学添加剂或食品加工助剂全都不会出现在自然酒中，而且酿造自然酒只允许使用天然酵母菌，尽量减少过滤等人工干预，最理想的就是不进行任何人工干预。酒瓶中的酒液是有生命的，是未受污染的有机体，因存在瑕疵而真实。

自然酒阵营反对传统酿酒法的一个很大的原因是，传统派酿酒师会在酿酒过程中添加亚硫酸盐。但他们没考虑到，发酵本身就会产生亚硫酸盐。苹果、芦笋和干果中都有亚硫酸盐，甚至炸薯条里也有！到目前为止，装瓶前在葡萄酒中加一点儿亚硫酸盐是保存葡萄酒的最佳方法，能使葡萄酒最大限度地安全地运输到世界各地。此外，随着时间的推移，酒中的酵母菌、氧气、色素、糖和其他化合物的转化会对葡萄酒造成负面影响，而添加亚硫酸盐可以有效地抑制这些转化，还能使葡萄酒有更优异的陈化表现。（顺便提一下，摄入亚硫酸盐会使人头痛的说法纯属虚构。引起头痛的真正原因是过量摄入组胺和酪胺等生物胺或过量饮酒，与亚硫酸盐无关！）

不含硫的葡萄酒果味更浓郁，开瓶后喝的前两杯确实比含硫的葡萄酒更易饮。但开瓶后放置的时间越长，其果味就越淡。我曾与格朗·库尔酒庄的让-路易·迪特雷夫谈论过这一点，迪特雷夫是博若莱的知名酿酒师，他的人生充满了传奇色彩。他酿过一些不添加亚硫酸盐的葡萄酒供自己饮用，发现最后一杯酒的口感远远不如第一杯酒的好。

自然酒的不稳定性是我一直对其持批判态度的原因之一。毕竟我的职业发展和我的员工的生计，都依赖于顾客对我所选的酒的喜爱程度，我希望顾客满意，需要更多的回头客。所以，我很难喜欢这种每杯口感都不同的葡萄酒。

我不喜欢自然酒的另一个原因是它的红茶菌味会遮盖葡萄酒本身的风味。我之前招待了我写这本书的合作伙伴克里斯汀以及她的朋友们，当时我开了一瓶长相思自然酒。要知道长相思的香气非常有辨识度，可以说是最容易辨别的酿酒葡萄，但他们都无法尝出那款酒是用哪种葡萄酿的，产区就更不必说了，完全不可能辨别出来。我认为，出现这种无法辨别葡萄品种和产区的情况就是因为酿酒时没有添加亚硫酸盐，要知道，辨别也是饮酒的乐趣之一。好吧，我知道这会让我听上去像个脾气古怪的老头子！

一场悄悄进行的测试

我想起克里斯汀和我带着一群年轻的美食家，以及伯纳丁餐厅才华横溢的年轻侍酒师萨拉·托马斯一起去皇后区我最喜欢的泰国餐厅参加晚宴时发生的趣事。我们首先品尝了一款起泡酒，接着品尝了一款2015年的圣塔芭芭拉产区的沙山本奇克霞多丽干白葡萄酒，然后品尝了萨拉带来的自然酒，接下来品尝了德国的雷司令干型白葡萄酒和雷司令半干型白葡萄酒。当我告诉大家萨拉·托马斯带来的那瓶酒是自然酒时，大家的眼睛都亮了起来。他们觉得自然酒很有意思，很新奇，尝起来很不一样。但对我来说，这瓶酒口感易变，闻起来还有点儿老鼠味，并且我直说了。我发现这个不同的观点使我被排挤出了他们的对话。但晚饭过后，我注意到一个细节：除了那瓶自然酒，所有葡萄酒都被喝光了。最后，我问每个人："你以后还会喝自然酒吗？"我得到的答案都是否定的！

我的观点是：最好的葡萄酒在吃前菜时就会被喝光，并且你会立即再点一瓶这款酒。

走向极端

完全无视自然酒的发展有些傲慢，而且我确实对它有兴趣，所以我打算多了解一些。我联系了自然酒行业的几位领军人物，向他们询问关于自然酒的问题。我首先联系了我的朋友拉雅·帕尔，一位巨星级侍酒师，他也是一位新兴酿酒师。（上文提到的那瓶沙山本奇克霞多丽干白葡萄酒就是他酿的。）我发现，他在社交软件上发布了许多自然起泡酒的照片。帕尔在 2015 年对自然酒产生了兴趣，用他的话来说，他觉得自然酒非常有趣，实惠且易饮。他说过，虽然目前市面上有许多糟透了的自然酒，但自然酒的味道和品质会因技术和观念的进步而越来越好。

由于我们是朋友，所以我问了他一些尖锐的问题。我问他是否不再喜欢芙萝酒庄、罗曼尼-康帝酒庄、伊贡·米勒酒庄和拉图酒庄的经典葡萄酒了。他说他喜欢，非常喜欢，并且他也认为成为葡萄酒专家必须了解这些经典酒。他认为，虽然自然酒属于一个特殊的领域，但一个人如果不了解酿酒的基础，就无法完全了解自然酒。

我的第二位咨询对象也是自然酒行业的大人物：艾丽斯·费林，一位我非常尊敬的记者。我们的许多观点都不同，品味也相差很大，我本以为我们一定有很多冲突的观点，以为她会 100% 反对在葡萄酒中添加亚硫酸盐。所以当我听到她对自然酒的定义是简单的"选用有机葡萄，不添加或仅添加极少量的亚硫酸盐，不添加或去除其他任何成分"时，我很吃惊。

我认为自然酒不稳定的口感是缺点，而艾丽斯·费林认为这正是自然酒迷人的地方。"我喜欢它们的表现力，每一口的味道都不同。"她说，"我喜欢冒险，而且与这样一瓶酒交流不会无聊。我认为品尝自然酒最重要的是情绪反应。"

但她也对自然酒逐渐向"红茶菌味葡萄酒"，或者说一种"明快、酸涩、微微起泡的葡萄酒"转变的趋势感到不安。"现在，每当我听到人们说'这是什么味道？红茶菌！'的时候，我都不甚理解，怀疑自己过时了，我喜欢红茶菌，但带有老鼠味的红茶菌让我恶心。"

艾丽斯在她的书《为葡萄酒和爱而战》（*The Battle for Wine and Love*）中针对葡萄酒的"帕克化"表示担忧，"帕克化"是近年来葡萄酒行业的一个不良趋势，即为了获得知名葡萄酒评论家罗伯特·帕克较高的评分，许多酒庄迎合他的口味，酿造一些果味浓郁、酒体饱满、酒液颜色深、酒精度高的葡萄酒。现在，情况同样令人担忧：自然酒的风格愈发单一化，酿酒师们并没有充分考虑自然酒可能拥有的风格、风味和香气。（我们，包括克里斯汀，交谈时将这一现象称为"阿克申化"，因为美国知名嘻哈歌手阿克申·布朗森影响了千禧一代的口味，导致他们更喜欢那些易饮、酒液混浊、喝起来像苹果汁的酒。）"人们希望自然酒品牌化。"艾丽斯·费林如此预言。

尽管"阿克申化"可以说是另一个极端化趋势，但令艾丽斯·费林感到欣慰的是，这一趋势也影响了传统派酿酒师，越来越多的酿酒师重新使用天然酵母菌，这在 10 年前非常少见。而且所有一流酿酒商都开始减少亚硫酸盐的添加量。因此可以说，自然酒重新定义了好酒，让人们找回了理智。

更有趣的是，我们最后也没有形成统一的看法，所以我们可以自由地反思。艾丽斯·费林写信告诉我，看到我们学习葡萄酒知识的出发点相差如此之远，她有了新的见解："因为我选择了另一条路，我几乎没有接受过正统、严格的葡萄酒培训，所以我对不同的葡萄酒的接受度更高。现在有些孩子只知道这些自然酒，他们不知道夏布利产区和默尔索产区的区别。更糟糕的是，他们根本不在乎！"她说出了我的心声！受她的启发，我在阿尔多·索姆葡萄酒吧即兴举办了一场汇聚了来自世界各地的葡萄酒的"自然酒之夜"派对。

寻找平衡点

派对结束后，我和博比·斯塔基相约一起骑行。斯塔基来自科罗拉多州的博尔德市，是弗拉斯卡食品与葡萄酒公司的联合创始人之一。我向他讲述了我在皇后区的经历，告诉他我感觉自己当时像一个在与一群极端崇尚自由的人对话的保守主义者。他想了想，说："实际上恰恰相反，因为许多自然酒酿酒师都是保守主义者。"（我知道这句话可能引起争议！）

从这些对话和媒体报道中，我得出了结论：目前葡萄酒行业冲突的观点太多，而沟通太少。

解决上述问题的关键是敞开心扉，不断学习和进步。我同意酿酒师有时在追求完美方面做得太过分这一说法。曾经有一段时间，他们在葡萄园里不加控制地使用杀虫剂。那时，在酒中添加亚硫酸盐可以被大家接受，人们对酵母菌做了大量的研究，结果世界各地的葡萄酒尝起来似乎都是一个味道。我理解市场对高度商业化的葡萄酒中出现的浸渍过度、橡木桶发酵过度和外包装设计过度等现象的反对，也理解消费者对酿酒工艺和个性的追求。目前有一些特殊的、非公司制的酿酒商在不断发展，它们虽然并非严格意义上的自然酒酿酒商，但在种植葡萄和酿酒的过程中不断地减少人工干预，酿造了一些外观与味道俱佳的葡萄酒。

在另一种极端情况下，自然酒原始的风格会限制其发展。我相信真理处于这两种极端情况的中点。就像我一样，我品尝自然酒，与相关酿酒商交谈，并从中学习，我希望传统派酿酒师注意到年轻的葡萄酒爱好者多么渴望有灵魂的非商业化的葡萄酒，以及他们多么想在酒中找到葡萄本身的味道。

正如艾丽斯·费林所说，判断一款酒的好坏需要基于你对它的情绪反应，而非纯粹的教条主义。"好喝才是最重要的，这无可厚非，"她说，"不然为什么要喝它呢？"

我最爱的十大非公司制酿酒商

▷芙萝（Roulot）酒庄（法国，勃艮第，默尔索产区）

▷皮埃尔-伊夫（Pierre-Yves Colin-Morey）酒庄（法国，勃艮第，夏山-蒙哈榭产区）

▷热拉尔·布莱（Gérard Boulay）酒庄（法国，桑塞尔产区）

▷庞特-卡奈（Pontet-Canet）古堡（法国，波尔多，波雅克产区）

▷葡涤（Envínate）酒庄（西班牙）

▷蒂利奥（Tiglio）酒庄（意大利，弗留利产区）

▷莱茨（Leitz）酒庄（德国，莱茵高产区）

▷伯恩哈德·奥特（Bernhard Ott）酒庄（奥地利，瓦格拉姆产区）

▷阿诺特-罗伯茨（Arnot-Roberts）酒庄（美国，加利福尼亚州，索诺马县产区）

▷通用语（Lingua Franca）酒庄（美国，俄勒冈州，威拉米特河谷产区）

我最爱的自然酒酿酒商（没错，自然酒）

▷蒂埃里·阿勒曼德（Thierry Allemand）酒庄（法国，科尔纳斯产区）

▷雅克·拉赛涅（Jacques Lassaigne）酒庄（法国，香槟产区）

▷里纳尔迪（Giuseppe Rinaldi）酒庄（意大利，巴罗洛产区）

▷克里斯蒂安·奇达（Christian Tschida）酒庄（奥地利，布尔根兰产区）

▷朱斯托·奥基平蒂（Giusto Occhipinti）酒庄，别名 COS 酒庄（意大利，西西里岛产区）

终极课程：学会谦逊

学习如何酿造葡萄酒

▶ 2008 年，我跟随《葡萄酒观察家》(Wine Spectator) 杂志的工作人员去阿根廷旅行，那场旅行彻底改变了我的生活。当时，杂志方让我从侍酒师的角度写一些有关当地葡萄酒的文章。阿根廷的乡村地区深深地启发了我，甚至让我产生了留在那里酿酒的念头。我当时甚至已经开始思考自己该用马尔贝克葡萄还是种植在寒冷的巴塔哥尼亚的、原产于奥地利的绿维特利纳葡萄来酿酒。但后来我仔细一想，在奥地利酿酒和在阿根廷酿酒成本差不多，而且我更喜欢奥地利的社会环境，便打消了在阿根廷酿酒的念头。不久之后，我和极富盛名的奥地利克拉赫酒庄的庄主格哈德·克拉赫共进晚餐，我告诉了他当时自己的那个疯狂的想法，没想到他比我更疯狂，他问我："咱们为什么不合作呢？"

格哈德酿的甜型葡萄酒非常有名，但他也想尝试点儿新东西。我们都不想酿造酒体肥厚、酒精度过高的葡萄酒，而想酿造口感清爽的葡萄酒，最好选用种植在石灰岩土壤中的葡萄。考虑到房价和土地价格，我们不得不把目光投向奥地利高档产区之外的地区，最终我们租了一块面积为 10,000 平方米左右的地，种植了一些年龄在 50 年左右的老藤绿维特利纳葡萄。通过反复做实验和定期实地考察，格哈德成功向农场主传达了我们想要什么和不想要什么。

这段经历使我意识到我对葡萄的种植知之甚少。比如，葡萄藤南面朝阳意味着它的叶子可能在 8 月变黄、掉落，所以需要足够多的叶子来保护葡萄。收获期结束时，我发觉我还要学习很多有关酒窖的知识。虽然我去过许多酒庄，也与让－马克·鲁洛这样的大师一起采摘过葡萄，但那些葡萄、酒和酒庄都不属于我，所以我没有产生过多的紧张情绪，而且在那些场合，所有人都会保持自己最好的状态。

亲自尝试后我终于知道，酿酒的步骤出错会带来什么后果。

我经常在许多事情上有与众不同的想法，我想让奥地利的葡萄酒行业，甚至全球的葡萄酒行业发展得更好、有所突破。延长一年的陈化时间和不过滤（保留酒泥）是我在奥利弗·鸿布列什这位才华横溢的阿尔萨斯酿酒师举办的研讨会上想到的。在伯纳丁餐厅工作期间，我接触到了许多不同的勃艮第葡萄酒，我希望自己也酿出有点儿酸的葡萄酒。为什么不试着在奥地利酿造勃艮第风格的葡萄酒呢？

按照这个想法，我们第一次一共酿造了 1,800 瓶酒，为此我在纽约的风土葡萄酒吧举办了一场盛大的派对以示庆祝。我打开格哈德寄来的那箱酒，当众开了第一瓶，所有人鼓掌祝贺，看着我倒出了第一杯酒。倒完酒，我发现它是混浊的，这对我来说是严重的缺陷。我的心沉了下去。大家都说："这瓶酒看上去有点儿搞笑！"于是我把整箱酒全部打开，发现它们都是混浊的。（幸运的是，酒的味道还不错。但我当时太沮丧了，完全没注意到。）

之后我打电话跟格哈德说了这件事，他说酒庄的酒非常清澈。几个月后我去见他，特意带了几瓶酒上飞机，这样他就能明白运输环境对酒造成的影响了。酒完全变了味！（简单来说，这是因为我们之前就在是否下胶这个问题上产生了分歧，我很想尝试下胶，尤其是在向让-马克·鲁洛学习后，我就更想尝试了，但格哈德坚决反对下胶。不过，在这件事情发生后他还是妥协了。我们加入少量的膨润土，去除了那些使葡萄酒混浊的蛋白质。）我为此也做了大量研究，现在我只要尝一口酒就能分辨出它有没有下胶了。

我们还做了一些其他实验，包括调整亚硫酸盐的添加量、尝试添加单宁粉等能使酒的口感更厚重

的方法。做这些实验也锻炼和强化了我的味觉，现在我可以尝出酒在酿造过程中是否经历了上述工序。我还尝了我们酿的葡萄酒在发酵的各个阶段的味道，这要感谢格哈德每隔几周寄来的样本，它们使我更加全面地了解了葡萄酒的发酵过程，也让我体会到了酿酒的魅力。

我们改进技术后酿造的酒一经推出便得到了极高的评分，连我的偶像杰西斯·罗宾逊也给予了它们很高的评价。所以，我们又租了一些葡萄园，现在我们的 4 个葡萄酒品牌每年能出产 20,000 瓶以上的葡萄酒，它们被销往世界各地。我们每年都会遇到新挑战——极端天气、葡萄产量低下等。我学会了在大自然面前保持绝对谦逊的态度，尤其是在因酵母菌无法继续分解糖分导致酒无法继续发酵，葡萄酒甜得令人难以忍受，我不得不忍痛倒掉一桶 300 L 的酒时，我深感大自然力量的强大。现在，当我听到侍酒师们讨论是否使用人工酵母菌时，我会从不同的角度提出我的观点。（我的回答是什么？我告诉他们去自动取款机取出几千美元，然后把它们扔进下水道。）我选择自然发酵。

酒厂成立十周年之际，格哈德和我品尝了我们从开始到现在酿的每一款葡萄酒。这次品酒使我清楚地认识到我们这十年经历了多少炎热的年份。（一半都是！）我们还遇到了霜冻、冰雹、强风暴等气象灾害，这些也是我自酿造葡萄酒以来一直密切关注的问题。所以十年来，格哈德和我一直通过反复实验来改进与提升我们的酿酒技术。

谦逊、知识、愉悦、敬畏……我在酿酒中学到了很多。酿酒使我成为一名更优秀的侍酒师和更具鉴赏力的饮酒爱好者。回头细想，其实谦逊、知识、愉悦和敬畏一直都是我对葡萄酒的热爱的核心。我希望读过本书的你有同样的收获，就此踏上你自己的葡萄酒之旅。

十大葡萄品种

➡️ 酿酒葡萄是用来酿造同名葡萄酒的葡萄。由于葡萄皮的厚度、果肉的味道、葡萄籽的大小各不相同，所以每种酿酒葡萄都有独特的个性。即使使用同一种葡萄为原料，酿成的酒也会因葡萄种植地的土壤、气候、地理位置等的不同而具有不同的风格，当然，这也和酿酒师的操作密不可分。气候炎热的南非出产的长相思白葡萄酒比气候凉爽的法国出产的长相思白葡萄酒果味更浓郁，但即便如此，这两个国家的长相思白葡萄酒在口感上仍有一些相似之处，即使盲品，你也能体会到。

你在读这一部分时，记得做笔记，选出你觉得最味美的酿酒葡萄。之后深入了解这种葡萄种植在不同的国家会对以它为原料酿的葡萄酒的风味产生何种影响。即使你最后只记住了你喜欢的品种和种植它的国家也没关系，这些信息足以在你买酒时给予你帮助，因为餐厅的侍酒师和葡萄酒专卖店的售货员通过这些信息就能推测你的喜好。但是，不要局限于这些常见的葡萄酒，要多多探索。有时，你可以用很少的钱买到高品质的佳酿。

酿造白葡萄酒的葡萄

灰皮诺　　　P36

长相思　　　P38

霞多丽　　　P40

白诗南　　　P44

雷司令　　　P46

Pinot Grigio

灰皮诺

➡ 灰皮诺白葡萄酒是一款入门级白葡萄酒。它简单、百搭、酒体轻盈，适合每一位葡萄酒爱好者。你可以在开派对时买一瓶尝尝。

灰皮诺是黑皮诺的变种，完全成熟时果皮呈粉色。用未完全成熟的灰皮诺酿的酒口感清爽，颇受人们欢迎。但是，过度种植灰皮诺会导致土壤严重贫瘠，因此用它酿的酒没有特定的风味。采用正确的方法酿造的灰皮诺白葡萄酒香气迷人，带有苦杏仁味。意大利弗留利产区的灰皮诺白葡萄酒可谓品质最佳。作为派对用酒，灰皮诺白葡萄酒既便宜又能让多数人满意，是一个很好的选择。

与意大利的灰皮诺白葡萄酒相比，法国阿尔萨斯产区的灰皮诺白葡萄酒在香气和口感上都大有不同。由于该产区贵腐菌①比较常见，所以该产区的灰皮诺白葡萄酒往往风味更丰富，酒体更饱满，还带有蜂蜜味。

① 贵腐菌：一种天然霉菌，能使葡萄收缩，从而提高葡萄中糖的浓度，使酿造的葡萄酒带有蜂蜜味。

葡萄酒简介

风味
柠檬、甜瓜、桃、杏仁、蜂蜜、黄苹果

风格
酒体轻盈、口感激爽、水果味

主要生产国和产区
阿尔萨斯、威尼托、弗留利、上阿迪杰、威拉米特河谷、索诺马县

别名
在法国叫 Pinot gris；
在德国叫 Grauburgunder

重 点

☐ 意大利出产的灰皮诺白葡萄酒口感激爽、清新，易饮。法国阿尔萨斯产区的灰皮诺白葡萄酒风味丰富。

☐ 弗留利产区和上阿迪杰产区的灰皮诺白葡萄酒香气浓郁。

☐ 威尼托产区的灰皮诺白葡萄酒多为大规模生产的，所以风味较为平淡。

☐ 若你看到某款灰皮诺白葡萄酒的生产厂家开始大力宣传，那么实际上他们把钱用在了做广告上，而非酒本身拥有这么高的价值。

☐ 如果你愿意花费 15 美元以上，那你基本上可以买到一瓶品质较高的灰皮诺白葡萄酒。

了解一下

→塔明（Tramin）酒庄，位于意大利的上阿迪杰产区

→泰拉诺（Terlano）酒庄，位于意大利的上阿迪杰产区

→威尼卡（Venica& Venica）酒庄，位于意大利的弗留利产区

→诺伊迈斯特（Neumeister）酒庄，位于奥地利的施蒂里亚产区

→婷芭克世家（Trimbach）酒庄，位于法国的阿尔萨斯产区

→鸿布列什（Zind-Humbrecht）酒庄，位于法国的阿尔萨斯产区

Sauvignon Blanc

长相思

→ 风味百变，性价比高，闪光点众多的长相思白葡萄酒对品尝过灰皮诺白葡萄酒的饮酒爱好者而言，也是心头好。

长相思白葡萄酒似乎已经取代灰皮诺白葡萄酒，成为当下最流行的白葡萄酒。这种酒香气浓郁，风味独特，带有青草味，有时还带有猫尿味。

在美国，产自法国桑塞尔产区的长相思白葡萄酒极受欢迎，因此价格不断上涨。我个人比较喜欢查维欧诺（Chavignol）村产的桑塞尔白葡萄酒，这里的酿酒葡萄种植在白垩土①中，酿的酒质量上乘、酸爽可口，味道十分纯正。早年间，我有幸尝过一些该产区的年份葡萄酒，其中年份最早的酒是 1959 年酿造的，我想说，陈年桑塞尔白葡萄酒口感十分美妙。

新西兰马尔堡产区云雾之湾酒庄的长相思白葡萄酒很有名，新西兰凭借这款酒成功打入了国际市场。新西兰的长相思白葡萄酒带有浓郁的青草味、热带水果味和黑醋栗叶味。酿酒师一般用螺旋盖给这款酒封瓶，因为螺旋盖更受新西兰和澳大利亚的消费者欢迎。（老实说，对我而言，新西兰的长相思白葡萄酒风味过于复杂，它给我一种很吵的感觉，喝它就像在吵闹的酒吧中和人交谈一样。）

奥地利最有名的长相思白葡萄酒产区是施蒂里亚

葡萄酒简介

风味
青草、西柚、醋栗、酸橙、黑醋栗叶、青椒、红甜椒、黄甜椒

风格
口感激爽、香料味、偏酸、香气浓郁

主要生产国和产区
卢瓦尔河谷、波尔多、新西兰、加利福尼亚州、奥地利、意大利

别名
桑塞尔（Sancerre）
普伊-富美（Pouilly-Fumé）
默讷图-萨隆（Menetou-Salon）
圣布里（Saint-Bris）
（这些长相思白葡萄酒均以产区名命名）

---

① 白垩土：在法语中叫"terre blanche"，是一种石灰岩土壤，由富含天然碳酸钙的海洋贝壳化石沉积而成。——译者注

产区，这里的酒既带有新西兰长相思白葡萄酒的那种浓郁的香气，也有法国卢瓦尔河谷的桑塞尔白葡萄酒的那种矿物味和激爽的口感。奥地利的长相思白葡萄酒大多酒体轻盈、风格优雅、口感激爽，喝上一口，仿佛咬了一口青苹果。

→**法国卢瓦尔河谷产区，**

生产桑塞尔白葡萄酒的酒庄：

热拉尔·布莱（Gérard Boulay)酒庄

凡卓岸（Vacheron)酒庄

弗朗索瓦·科塔（François Cotat)酒庄

生产普伊–富美白葡萄酒的酒庄：

乔纳森·狄迪尔·帕比奥（Jonathan Didier Pabiot）酒庄

达格诺（Didier Dagueneau）酒庄

→**法国勃艮第产区，**

生产圣布里白葡萄酒的酒庄：

瓜索（Goisot）酒庄（位于勃艮第产区唯一的一个获得长相思合法酿造资格的村庄级产区——圣布里村）

→**奥地利施蒂里亚产区：**

提蒙特（Tement）酒庄

诺伊迈斯特（Neumeister）酒庄

格罗斯（Gross）酒庄

拉克纳–缇娜（Lackner-Tinnacher）酒庄

→**新西兰马尔堡产区：**

云雾之湾（Cloud Bay)酒庄

克拉吉（Craggy Range）酒庄

库伯斯溪（Coopers Creek）酒庄

了解一下

重　点

☐ 按照风味的复杂程度，可将新西兰的长相思白葡萄酒比作电子舞曲，将澳大利亚的长相思白葡萄酒比作用摇滚乐器编排的抒情曲，而将桑塞尔白葡萄酒比作舒缓的爵士乐。

☐ 桑塞尔白葡萄酒是长相思白葡萄酒！普伊–富美白葡萄酒也是。法国人只在酒标上标明产区，而不标明酿酒葡萄的品种。当然也有例外，阿尔萨斯产区的葡萄酒酒标上就有酿酒葡萄的品种。

☐ 人们在充分了解灰皮诺白葡萄酒后，就会被香气更浓郁的长相思白葡萄酒所吸引。如果把灰皮诺白葡萄酒比作一块精瘦的菲力牛排，那么长相思白葡萄酒就像一块很大的带骨肋眼牛排，它脂肪更多，味道也更香。

☐ 实惠的长相思白葡萄酒品牌非常多，但不要买每瓶售价在 10 美元以下的，否则你会后悔。

☐ 尽可能冰镇后饮用，但要注意温度不低于 7.2 ℃。（详见第 178 页）

"葡萄酒风味越复杂，品质就越高"是错误的说法！有时风味过于复杂并非好事。

Chardonnay

霞多丽

→ 霞多丽白葡萄酒风格多变（且拥有众多别名），既可以口感清爽、香气凝练，又可以酒体饱满、果味浓郁。

霞多丽葡萄风格多变，我很难总结它的风味特点。这种葡萄对气候的要求不高，你甚至可以把它种在自家后院！香气和口感反映了种植区的风土特征，更重要的是，它们能体现酿酒的工艺。用霞多丽可以酿出风格各异的酒：法国的夏布利白葡萄酒酒体轻盈、带有矿物味；梅尼尔酒庄的白中白香槟酒口感朴实无华；勃艮第的蒙哈榭白葡萄酒果味浓郁；加利福尼亚州的霞多丽白葡萄酒口感绵密柔顺、带有黄油味。你可以分别尝尝上述几款酒，比较一下，结果会令你惊讶。

美国加利福尼亚州的霞多丽白葡萄酒通常在橡木桶中发酵较长时间，或在酿造过程中使用成本较低的橡木片，这样做是为了让橡木味①渗入酒液，使成酒的风味更丰富。酒液中通常有一点儿残糖，因此酒体较饱满。"加利福尼亚州的霞多丽白葡萄酒带有橡木味"这个评价虽然有道理，却已是陈词滥调，如今加利福尼亚州的霞多丽白葡萄酒正在经历一场时代性转变，2004~2014 年远赴法国当学徒的年轻酿酒师们将他们所学的知识带回了加利福尼亚州，他们开始推广一种橡木味更淡的酿酒风格。目前，加利福尼亚州发展和变化最大的霞多丽白葡萄酒产区是圣丽塔山产区和圣塔芭芭拉产区。这两个产区

葡萄酒简介

👅 **风味**
黄苹果、青苹果、菠萝、柠檬

▶ **风格**
水果味、口感清新、黄油味、酒体饱满

📍 **主要生产国和产区**
勃艮第、加利福尼亚州、澳大利亚

💬 **别名**
夏布利（Chablis）
蒙哈榭（Montrachet）
勃艮第白（White Burgundy）
普伊-富赛（Pouilly-Fuissé）

---

① 橡木味：将葡萄酒放入烤过的橡木桶陈化，葡萄中的缩合单宁会与橡木中的水解单宁相互交融，赋予葡萄酒浓郁的香草味和奶油般顺滑的口感。

的酒具有勃艮第白葡萄酒那种清爽的口感，同时带有加利福尼亚州霞多丽白葡萄酒那种浓郁的果味。美国俄勒冈州的酿酒师酿造的霞多丽白葡萄酒非常清凛①，带有较浓的柑橘香气，与加利福尼亚州的霞多丽白葡萄酒风格迥异。

有些顾客跟我说，他们不喜欢霞多丽白葡萄酒，但喜欢夏布利白葡萄酒和勃艮第白葡萄酒。每当这时，我都会一本正经地给他们科普：这些都是霞多丽白葡萄酒，它们不以酿酒葡萄的名字来命名，而以产区命名。你会问："那香槟酒呢？"其实香槟酒也可以用霞多丽来酿造，我在本书第 18 页提到过。

再来看看其他产区的酒。澳大利亚的霞多丽白葡萄酒与加利福尼亚州的有几分相似，风味非常突出，残糖含量也较高；而新西兰的霞多丽白葡萄酒香气更浓，并且因发酵温度相对较低，所以带有瑞士小鱼软糖味。与澳大利亚的霞多丽白葡萄酒不同，新西兰的霞多丽白葡萄酒残糖含量低，橡木味隐藏在果味之中。此外，南非和阿根廷的霞多丽白葡萄酒在质量和产量上都有所提升。

了解一下

→路易斯·米歇尔父子（Louis Michel & Fils）酒庄，

位于法国的夏布利产区

→芙萝（Roulot）酒庄，

位于法国的勃艮第产区（你如果想挥霍一把，可以购买该酒庄的酒）

→蒂索（Benedicte & Stephane Tissot）酒庄，

位于法国的汝拉产区

→沙山（Sandhi）酒庄，

位于加利福尼亚州的圣塔芭芭拉产区

→通用语（Lingua Franca）酒庄，

位于俄勒冈州的威拉米特河谷产区

→威利斯（Velich）酒庄，

位于奥地利的布尔根兰产区

→三棵橡树（Three Oaks）酒庄，

位于澳大利亚的吉朗产区

重　点

☐ 夏布利白葡萄酒口感清爽，带有矿物味；勃艮第白葡萄酒酒体结构性强、风味丰富；美国加利福尼亚州和澳大利亚的霞多丽白葡萄酒口感如奶油般顺滑，带有黄油味，且大多带有非常浓的橡木味。你如果感觉加利福尼亚州霞多丽白葡萄酒的风味过于复杂、夏布利白葡萄酒的酸味太重，可以尝尝南非或加利福尼亚州的一些新兴产区（如圣塔芭芭拉产区）的霞多丽白葡萄酒，以及俄勒冈州的霞多丽白葡萄酒。

☐ 与其他白葡萄酒相比，霞多丽白葡萄酒酸度更高，带有明显的青苹果味。酒体更饱满这点就不必多说了，毕竟在橡木桶中陈化能使它的口感更圆润。

☐ 酿造霞多丽白葡萄酒需要使用橡木桶（或在发酵前，在原料中掺一些橡木片、橡木屑），但使用橡木的成本较高，所以你要做好为这种葡萄酒多花点儿钱的准备。

① 清凛：形容葡萄酒口感酸爽、简洁，这样的酒在风味呈现上也较为直接。

别说你讨厌霞多丽，但喜欢勃艮第白

　　法国和意大利都以葡萄酒的产区而非酿酒葡萄的名称来为葡萄酒命名，所以顾客有时弄不清酒瓶里究竟是什么酒。我整理了一份名称对照表，当别人问你喜欢什么酒、不喜欢什么酒的时候，你就不会回答错了。

葡萄酒名（产区名）	酿酒葡萄的品种
巴罗洛 ⟷	内比奥罗
博若莱 ⟷	佳美
波尔多 ⟷	赤霞珠与梅洛
勃艮第 ⟷	霞多丽
夏布利 ⟷	霞多丽
普伊-富赛 ⟷	霞多丽
基安蒂 ⟷	桑娇维塞
希侬 ⟷	品丽珠
罗讷河谷 ⟷	歌海娜
圣约瑟夫 ⟷	西拉
普伊-富美 ⟷	长相思
桑塞尔 ⟷	长相思
索阿维 ⟷	卡尔卡耐卡

勃艮第白

Chenin Blanc

白诗南

➞ 用白诗南这种葡萄酿的酒风味和香气变化多端，然而并未得到人们充分的赏识。 为何白诗南白葡萄酒火不起来？这至今是个谜。但这也有好处，那就是白诗南白葡萄酒性价比超高。

白诗南白葡萄酒曾经不太受人们欢迎，不过近几年倒是凭借价格低廉、品质上乘赢得了越来越多的人的喜爱，其中法国卢瓦尔河谷的白诗南白葡萄酒最受欢迎。这种葡萄酒口感层次丰富，入口后能给人带来愉悦感。经橡木桶陈化的白诗南白葡萄酒甚至会被误认为是价格高昂的勃艮第白葡萄酒。你可以尝尝布雷泽（Brézé）酒庄的白诗南白葡萄酒，你会大吃一惊。由于白诗南酸度较高，所以它也常被用来酿造起泡酒。武弗雷、索米尔和蒙路易这些产区的起泡酒就是用白诗南酿造的，这些酒价格低，味道好，是喜欢起泡酒的你除了香槟酒外的其他选择。

南非是最大的白诗南白葡萄酒产区，产量高且品质稳定；卢瓦尔河谷则恰恰相反，这里的酒产量低且品质不稳定。美国加利福尼亚州中央山谷的白诗南白葡萄酒的产量与南非的类

葡萄酒简介

👄 **风味**
柠檬、柠檬酱、梨、蜂蜜、榅桲、柑橘类水果的花、潮湿的稻草、湿羊毛

▶ **风格**
柑橘味、口感清爽、偏酸

📍 **主要生产国和产区**
卢瓦尔河谷、南非

💬 **别名**
诗南（Chenin）

似，这里一般用白诗南和鸽笼白这两种葡萄混酿，因此酒的产量较高。

　　白诗南干型白葡萄酒非常受侍酒师的欢迎，可以卖出很好的价钱（你可以在餐厅找到一些高品质的白诗南干型白葡萄酒）。白诗南酸度较高，用它酿酒的酿酒师有较多的选择，你可以买到用它酿造的起泡酒，也可以买到白诗南干型、半干型或甜型葡萄酒。

了解一下

→**法国卢瓦尔河谷产区，**

生产武弗雷白葡萄酒的酒庄：

雨耶（Huet）酒庄

菲利普·福罗（Philippe Foreau）酒庄

生产蒙路易白葡萄酒的酒庄：

施黛（François Chidaine）酒庄

狼形（La Taille aux Loups）酒庄

生产安茹白葡萄酒的酒庄：

蒂博·布迪尼翁（Thibaud Boudignon）酒庄

穆塞（Mousse）酒庄

生产索米尔白葡萄酒的酒庄：

科列尔（Collier）酒庄

吉贝尔托（Guiberteau）酒庄

生产萨维涅尔白葡萄酒的酒庄：

奥梅尹（Aux Moines）酒庄

埃里克·莫尔加（Eric Morgat）酒庄

飒朗（Serrant）酒庄

沙地（Sandlands）酒庄，

位于加利福尼亚州的阿玛多县产区

赛蒂家族（Sadie）酒庄，

位于南非的黑地产区

重　点

☐ 对霞多丽白葡萄酒有了充分了解后，人们大多会开始欣赏白诗南白葡萄酒的深度和更高的酸度，它的高品质就不必多说了。目前大型的白诗南生产商还比较少，所以你很有可能买到一些小酒庄产的酒。

☐ 为保险起见，尽可能地买卢瓦尔河谷的白诗南白葡萄酒，这里的白诗南白葡萄酒酿造过程较为严谨，有独具一格的高酸度和凝练的果味。你做好充分准备后，就可以尝试南非的白诗南白葡萄酒了，但要记住，在南非选酒要靠运气。

布雷泽酒庄（位于卢瓦尔河谷产区）经橡木桶陈化的白诗南白葡萄酒，能让我联想到勃艮第白葡萄酒。

Riesling

雷司令

➡ 雷司令白葡萄酒口感极其微妙、复杂、层次丰富，是一种百搭的佐餐酒。更棒的是，你可以买到物美价廉的雷司令白葡萄酒！

葡萄酒简介

🍷 风味
桃、杏、菠萝、百香果、玫瑰

▷ 风格
芳香、果香、柑橘味

📍 主要生产国和产区
摩泽尔、莱茵高、阿尔萨斯、克莱尔谷、瓦豪河谷、华盛顿州

💬 别名
莱茵雷司令
（Rhein Riesling）

雷司令的英文为"Riesling"，发音是"REECE-ling"。作为葡萄界的"皇后"，雷司令非常奇特：尽管用它酿成的酒性价比高、品质上乘且与食物很搭配，许多侍酒师和葡萄酒专家对其赞叹不已，但大多数普通顾客认为这种酒太甜。这是因为雷司令比较中意凉爽的气候，酸度较高，为了更好地"驯服"它，酿酒师会在陈化过程中往酒里加一点儿糖，这样酿出的酒才能随着时间的推移散发最迷人的芳香。你如果见到一款陈年雷司令白葡萄酒，可以先放下你的先入之见，好好品尝一番。这绝对是难忘的体验！

雷司令白葡萄酒有多种类型，有产量因市场需求量增加而不断增加的极干型雷司令白葡萄酒，也有因气候变暖导致夏天气温升高而酿造出的半干型雷司令白葡萄酒和甜型雷司令白葡萄酒。雷司令白葡萄酒能非常明显地反映种植地的土壤类型是砂岩还是火山岩，是蓝板岩、灰板岩还是红板岩。

我一直钟爱摩泽尔产区的雷司令白葡萄酒。该产区位置偏北，气候凉爽，所产的雷司令白葡萄酒充分反映了这里的风土特征。可能这种说法有点儿疯狂，但我相信，即使是不会品酒的人也能尝出该产区酿酒使用的葡萄是在板岩还是在石灰岩中种植的。（真的！）德国酿造雷司令干型白葡萄酒的酒庄越来越多。你可以找一下酒标上有没有"trocken"的字样，这就是"干型"的意思；也可以看一下酒精度，如果酒精度高于 12% vol，那就代表是干型酒。我的伴侣认为雷司令白葡萄酒太甜，于是我把她当作"小白鼠"，让她品尝了许多种雷司令干型白葡萄酒，它们大多来自彼得·劳尔酒庄、杜荷夫（Dönnhoff）酒庄、莱茨（Leitz）酒庄和弗兰岑（Franzen）酒庄。当她问"这个尝起来不错，是什么酒？"时，我回答："是你最不喜

欢的雷司令白葡萄酒。"

尽管德国的雷司令白葡萄酒产量不低，但提起雷司令白葡萄酒，人们还是会联想到奥地利。奥地利南部的边缘地带不适宜雷司令生长，而瓦豪河谷产区有几款雷司令白葡萄酒就很好，其中较为经典的几款酒产自埃梅里希·克诺尔（Emmerich Knoll）酒庄、普拉格（Prager）酒庄、阿琴（Alzinger）酒庄和弗朗茨·赫兹伯格（Franz Hirtzberger）酒庄。另外，位于奥地利东北部的坎普谷产区的高博古堡，也是我最喜欢的酒庄之一。

法国东部的阿尔萨斯产区土壤类型丰富，因此各个酒庄的酒都有所不同。阿尔萨斯产区的问题在于酒标上没有关于甜度的说明，但自 2008 年起，这里的法律规定几乎所有的雷司令白葡萄酒都必须是干型酒（也有例外，酒标上有 "lieu-dit" 标记的就不是干型白葡萄酒）。在美国，尤其是华盛顿州和纽约州的芬格湖群产区，雷司令白葡萄酒的产量也不低。

另外，我可以非常准确地描述澳大利亚的陈年雷司令白葡萄酒的风味：汽油味。

了解一下

→彼得·劳尔(Peter Lauer)酒庄，
位于德国的萨尔产区

→婷芭克世家(Trimbach)酒庄，
位于法国的阿尔萨斯产区

→赫希（Hirsch）酒庄，
位于奥地利的坎普谷产区

→皮希勒（F.X. Pichler）酒庄，
位于奥地利的瓦豪河谷产区

→塔托默（Tatomer）酒庄，
位于加利福尼亚州的圣塔芭芭拉产区

→赫尔曼（Hermann J. Wiemer）酒庄，
位于纽约州的芬格湖群产区

→格罗斯（Grosset）酒庄，
位于澳大利亚的伊甸谷产区

重　点

□ 雷司令白葡萄酒是一种精致、酿造工艺讲究、对酿酒师要求较高的白葡萄酒。较高的酸度、层次感丰富的水果味以及明显的风土呈现……所有这些因素都意味着这种酒不能一口气喝完，而需要在喝完一口后停下来细细回味。你如果在吃大餐，并且想搭配一些饮品，雷司令白葡萄酒一定是你的不二之选；你如果在谈工作时想小酌几杯，可以开一瓶灰皮诺白葡萄酒。

□ 购买陈年雷司令白葡萄酒是一个不错的选择。珍藏级葡萄酒或来自德国特级园的雷司令白葡萄酒在品质上可以与特级园的霞多丽白葡萄酒相媲美，但每瓶的价格仅为 70 美元左右。试问 70 美元能买到其他哪种特级园酒？根本买不到！

□ 误区：所有雷司令白葡萄酒都是甜的。事实绝非如此！一个比较常用的参考指标是酒标上的酒精度。如果酒精度高于 12% vol，这款雷司令白葡萄酒就是偏干型的。（酒精度低于 12% vol 的酒偏甜。）

酿造红葡萄酒的葡萄

赤霞珠　　　P50

梅　洛　　　P52

黑皮诺　　　P54

西　拉　　　P56

内比奥罗　　P58

Cabernet Sauvignon

赤霞珠

→ 赤霞珠红葡萄酒果味浓郁、口感强劲、风味多变、风格万千， 非常受大众欢迎。

葡萄酒简介

👅 **风味**
黑醋栗、皮革、烟草、雪松

▷ **风格**
果味浓郁、酒体饱满、深色水果味、单宁紧实

📍 **主要生产国和产区**
波尔多左岸、纳帕谷、华盛顿州、圣克鲁斯山、智利、库纳瓦拉

赤霞珠是最为人熟知的一种酿酒葡萄。它果皮厚、果实小，用它酿的酒颜色较深，味道十分独特，能让人联想到雪茄和黑醋栗。世界上许多非常有名、有影响力的葡萄酒都是用赤霞珠酿造的。拉图酒庄、拉菲古堡和侯伯王庄园等世界闻名的酒庄都位于盛产赤霞珠红葡萄酒的波尔多产区。另外，意大利的西施佳雅酒庄（意大利的顶级酒庄）和美国加利福尼亚州一些膜拜酒庄，如哈兰酒庄、啸鹰酒庄和寇金酒庄，也以盛产赤霞珠红葡萄酒而闻名。

用种植在气候温暖的地区、完全成熟的赤霞珠酿的酒口感纯正、果味浓郁，带有黑醋栗味和非常独特的烟草味，风味丰富得恰到好处。赤霞珠如果成熟度不足，酿出的酒会带有草本植物味和青椒味。由于赤霞珠果实小、果汁少、果皮厚、种子较多，所以酿成的酒单宁含量较高，需要陈化较长的时间来使单宁柔和。

美国的赤霞珠大多种植在加利福尼亚州的纳帕谷、索诺马县和圣克鲁斯山，以及华盛顿州。纳帕谷和索诺马县这两个产区气候温暖，所产的赤霞珠红葡萄酒果味浓郁、风味凝练。从气候特征来看，纳帕谷的光照时间较长，而每日凉爽的雾气能起到调节作用，所以这里的葡萄园在气候

上与法国勃艮第产区的有些相似；而圣克鲁斯山海拔较高，气候凉爽，所以出产的赤霞珠红葡萄酒的果味与单宁含量较平衡；华盛顿州气候干燥、阳光明媚，出产的赤霞珠红葡萄酒果味较浓郁且酒精度较高。

南美洲各国的赤霞珠红葡萄酒酿造始于法国酿酒师与南美洲各国当地酒庄的合作，如今这里的赤霞珠红葡萄酒产量十分可观。阿根廷的赤霞珠红葡萄酒带有丁香味，智利的赤霞珠红葡萄酒则带有独特的桉树叶味。

澳大利亚的库纳瓦拉产区虽然面积不大，但出产的赤霞珠红葡萄酒单宁顺滑、果味浓郁，品质在澳大利亚国内数一数二。

你可以在聚会时开一瓶波尔多左岸红葡萄酒（详情见第 75 页）、一瓶纳帕谷赤霞珠红葡萄酒和一瓶澳大利亚赤霞珠红葡萄酒，和朋友一起尝尝这几款酒，体会它们的不同。

了解一下

→**伊甸山（Eden）酒庄**，
位于加利福尼亚州的圣克鲁斯山产区

→**靓茨伯（Lynch-Bages）酒庄**，
位于法国的波尔多产区

→**格莱摩西（Gramercy）酒庄**，
位于华盛顿州产区

→**菲历士（Felix）酒庄**，
位于澳大利亚的玛格丽特河产区

→**卡泰纳·萨帕塔（Catena Zapata）酒庄**，
位于阿根廷的门多萨产区

重　点

□ 赤霞珠红葡萄酒非常受大众欢迎。它几乎从不让我失望。

□ 赤霞珠红葡萄酒很流行，产量也较高。即使你买的是每瓶 10 美元以下的赤霞珠红葡萄酒，你也能得到很好的体验，不会因买不起高价酒而抱怨命运不公。

□ 你如果想奢侈一把，买一瓶好酒，那么选波尔多赤霞珠红葡萄酒一定不会错。

□ 误区：酒瓶越重，酒就越好。这纯粹是商家的营销手段！

□ 赤霞珠红葡萄酒酒体饱满，在酒杯或醒酒器中"醒"一会儿后，味道更好。（详见第 194 页。）

Merlot

梅洛

→ 如果说梅洛不再受欢迎，那为什么世界上许多昂贵的顶级葡萄酒依然是用这种葡萄酿造的呢？ 它的绝妙滋味就是原因。

葡萄酒简介

风味
黑莓、李子、蓝莓、黑巧克力、烟草、雪松、皮革

风格
香气奔放、酒体饱满、口感圆润

主要生产国和产区
波尔多、纳帕谷、智利

"如果有人点了梅洛红葡萄酒，我会转头就走。"《杯酒人生》这部电影中的这句台词，一时间令梅洛红葡萄酒的销量锐减。这种葡萄原产于波尔多产区，如今世界上许多非常有名的红葡萄酒都是用这种葡萄酿造的。帕图斯（Pétrus）酒庄位于波美侯产区，该产区也出产了许多其他佳酿。另外，距该产区 5 英里（约 8046.72 米）的地方有一些规模较小的酒庄，它们出产许多名气较小但品质很高的葡萄酒。你可以了解一下弗龙萨克产区的保罗·巴尔（Paul Barre）酒庄和皮伊阿诺（Clos Puy Arnaud）酒庄，以及波尔多的卡斯蒂永丘（Castillon Côtes）产区的酒庄。梅洛成熟期短，用它酿的酒风味丰富，口感顺滑，余味悠长，带有深色水果味，单宁也较为柔和，当然酒精度高这一点就不必多说了。

梅洛因为易种植且成熟快，所以广泛种植于世界各地。托斯卡纳产区的酿酒师会在酿造基安蒂酒时加入梅洛混酿，提高基安蒂酒口感层次的丰富程

度。另外，那些昂贵的超级托斯卡纳葡萄酒①的酿酒原料中也可能有梅洛葡萄。

尽管在加利福尼亚州，梅洛红葡萄酒已经过时了，但华盛顿州仍然种植着许多梅洛葡萄。另外，纽约州长岛产区也有许多很有意思的梅洛红葡萄酒。智利流行将梅洛与当地的佳美娜混酿。

了解一下

→**布尔纳夫（Bourgneuf）酒庄，**
位于法国的波美侯产区
→**加卢奇（Galouchey）酒庄，**
位于法国的波尔多产区
→**米亚尼（Miani）酒庄，**
位于意大利的弗留利产区
→**克莱（Coléte）酒庄，**
位于加利福尼亚州的纳帕谷产区
→**夏克拉（Chacra）酒庄，**
位于阿根廷的巴塔哥尼亚产区
→**蒙特斯（Montes）酒庄，**
位于智利的中央山谷产区

重　点

☐ 你如果不喜欢单宁带来的口感，那就在梅洛红葡萄酒和赤霞珠红葡萄酒之间选择前者。

☐ 误区：波尔多产区所有的酒都很贵。在波尔多右岸的酒庄，你可以买到价格亲民的酒。

☐ 《杯酒人生》中的那句台词很有意思，但不要让它成为你的口头禅，否则你会错过这种好酒。

---

① 超级托斯卡纳葡萄酒：由多种葡萄混酿而成的酒，其中可以有一些法国的葡萄。——译者注

Pinot Noir

黑皮诺

➡️ **黑皮诺十分高雅，口感复杂且迷人。** 它是最具挑战性的酿酒葡萄，也是最令酿酒师有成就感的酿酒葡萄。

在《杯酒人生》这部电影上映前，美国人更爱喝用赤霞珠或用梅洛酿成的口感层次丰富、香气凝练、带有橡木味的深色红葡萄酒。如今流行用黑皮诺酿酒，这种红葡萄果皮较薄，需要气候凉爽的种植地、专家级的酿酒师以及经验丰富的饮酒爱好者三者共同的作用才可以展现其高雅与微妙。

尽管黑皮诺是葡萄园中当之无愧的"女主角"，但用它酿成的酒口感并不很强劲。恰恰相反，黑皮诺红葡萄酒以香甜的红色水果味和细腻、清新、优雅的风格而闻名。你只要尝一口勃艮第产区充分陈化的顶级黑皮诺红葡萄酒，就会被它迷人的精致感和悠长的余味所吸引，一辈子都舍弃不了它。（有些人还会继续学习和钻研，了解该产区复杂的布局，即使是很认真的葡萄酒收藏家也需要几年的时间才能掌握这些。至于你要不要成为其中一员，由你自己决定。）

虽然这种葡萄原产于勃艮第产区，但是香槟产区、卢瓦尔河谷产区、阿尔萨斯产区和汝拉产区也有种植。在德国，黑皮诺被称为

葡萄酒简介

👅 **风味**
樱桃、草莓、蔓越莓、紫罗兰、蘑菇、香料

▶️ **风格**
水果味、泥土味、口感复杂

📍 **主要生产国和产区**
勃艮第、索诺马县、圣丽塔山、新西兰、南非

💬 **别名**
晚收勃艮第
（Spätburgunder）

"Spätburgunder"，用它酿的酒在价格方面很有竞争力。此外，智利、阿根廷、美国的加利福尼亚州和俄勒冈州也参与了黑皮诺的种植和黑皮诺红葡萄酒的酿造。新西兰、澳大利亚和南非虽然也种植黑皮诺，但需要注意的是，用在温暖的气候条件下种植的黑皮诺酿的酒带有果酱味①，在我看来，这样的酒吸引力较弱。

黑皮诺红葡萄酒的优点是精致、细腻、充满活力。你只要尝过充分陈化的黑皮诺红葡萄酒，就一定会毕生沉迷于这种体验！

了解一下

→**安热维尔侯爵（Marquis d'Angerville）酒庄**，位于法国的勃艮第产区

→**帕塔乐（Pataille）酒庄**，位于法国的勃艮第产区

→**贝内迪克特·巴尔特斯（Benedikt Baltes）酒庄**，位于德国的弗兰肯产区

→**瑞斯德路（Rust en Vrede）酒庄**，位于南非的斯泰伦博斯产区

→**巴尔达（Barda）酒庄**，位于阿根廷的巴塔哥尼亚产区

→**约瑟夫·斯旺（Joseph Swan）酒庄**，位于加利福尼亚州的俄罗斯河谷产区

→**贝里斯特伦（Bergstrom）酒庄**，位于俄勒冈州的威拉米特河谷产区

→**霍夫斯泰特尔（J.Hofstatter）酒庄**，位于意大利的上阿迪杰产区

重 点

☐ 黑皮诺红葡萄酒的口感并不像赤霞珠红葡萄酒的那么强劲。它的口感更微妙，而且老实说，黑皮诺红葡萄酒的美妙并不容易让人感受到。

☐ 考虑到黑皮诺红葡萄酒"女主角"的地位，你要为它多花一点儿钱。不要买每瓶 20 美元以下的。

☐ **误区：所有黑皮诺红葡萄酒都很棒。**我也希望这是真的！

☐ 单一品种黑皮诺红葡萄酒颜色较浅，呈半透明状。颜色很深的黑皮诺红葡萄酒是黑皮诺与深色葡萄混酿而成的。

---

① 果酱味：品酒术语，用于描述一款葡萄酒果味集中，口感饱满。

Syrah

西拉

➙ 西拉是一种颜色较深的葡萄， 用它酿成的酒口感强劲且层次丰富，酸度中等，单宁柔和，带有一丝诱人的甜味，余味中还有黑胡椒味。这些特点使得这种酒很适合作为葡萄酒探索之旅的首发站。

葡萄酒简介

🍷 风味
黑胡椒、橄榄、深色水果（蓝莓、黑莓）

▶ 风格
果味浓郁、酒体饱满、香料味较重

📍 主要生产国和产区
澳大利亚、北罗讷河谷

💬 别名
设拉子（Shiraz）

澳大利亚的设拉子（西拉在澳大利亚的别名）红葡萄酒可谓初学者的入门酒。品质极佳的设拉子红葡萄酒在侍酒师圈内曾风靡一时。

有趣的是，设拉子红葡萄酒在陈化的头两年品质非常好，带有黑橄榄味或黑胡椒味，还可能带有血液的铁锈味。由于它酸度较高、口感激爽，你喝起来会感觉它的酒体比实际的轻盈。如果继续陈化，其香气会暂时闭塞，直到7~10年后才会再次散发松露味、牛肝菌味、枯叶味和诱人的红色浆果味。这种酒适合专注地品尝，不适合聚会时大家一起畅饮。

设拉子红葡萄酒已成为澳大利亚葡萄酒的代名词。从平价酒到该国最有名的奔富葛兰许红葡萄酒，它们全部都用设拉子酿造。以前的设拉子红葡萄酒酒体饱满，如果酱般浓稠，甚至可以用勺子舀着喝。但现在更多的年轻酿酒师开始酿造酒体更轻盈、酒精度更低且风味层次感更强的法式西拉红葡萄酒。另外，索诺马县的西拉红葡萄酒也越来越受欢迎，当地一些酒庄的酿酒风格与法国酒庄的酿酒风格愈发接近。但法国的酒庄酿造西拉红葡萄酒已有数百年的历史了，这些酒庄的酿酒师早已完全掌握了其中的奥秘。你可以先尝尝克罗兹－埃米塔日产区或圣约瑟夫产区那些酒体较轻盈的西拉红葡萄酒，然后逐渐进阶，尝尝那些酒体饱满、口感强劲的酒，比如罗第丘产区、埃米塔日产区或科尔纳斯产区的西拉红葡萄酒。（前两个产区名气较小，出产的西拉红葡萄酒较便宜。）

如果说澳大利亚的设拉子红葡萄酒适合作为入门酒，那么喝北罗讷河谷的西拉红葡萄酒的人则要有一定的饮酒经验，才能体会这款酒所反映的风土、酿酒师的酿酒风格，以及浓郁的果味、柔和的单宁和高酸度在口腔中的完美平衡。你在了解西拉红葡萄酒之后，一定能有所收获！

了解一下

→**彼德拉萨西（Piedrasassi）酒庄，**
位于加利福尼亚州的圣塔芭芭拉产区
→**杰美特（Jamet）酒庄，**
位于法国的罗讷河谷产区
→**阿兰·格拉约（Alain Graillot）酒庄，**
位于法国的罗讷河谷产区
→**让－路易·沙夫（Jean-Louis Chave）酒庄，**
位于法国的罗讷河谷产区
→**帕克斯（Pax）酒庄，**
位于加利福尼亚州的索诺马县产区
→**马利诺（Mullineux）酒庄，**
位于南非的黑地产区
→**詹姆希德（Jamsheed）酒庄，**
位于澳大利亚的亚拉谷产区

重　点

□ 有一位葡萄酒销售员曾告诉我："赤霞珠红葡萄酒很好卖，闭着眼就能全部卖出去；至于黑皮诺红葡萄酒，我们只要确保运输过程顺利，它也很好卖；西拉红葡萄酒则非常难卖。"但对我来说，无论何时，在一瓶质量中等的赤霞珠红葡萄酒和一瓶质量中等的西拉红葡萄酒之间，我都会选择后者。赤霞珠红葡萄酒的酿造方法有些商业化或相对单一，而酿造西拉红葡萄酒比较费时费力，这能促使酿酒师更加努力，对酒庄的发展也能起到很好的推动作用。

□ 我认为西拉红葡萄酒就是葡萄酒中的"梅丽尔·斯特里普"！质量上乘的西拉红葡萄酒非常优雅，非常引人注目，有很真实的个性，带有黑橄榄味，就像好莱坞的"常青树"斯特里普女士一样具有独特的魅力。这样一杯酒只要出现在你面前，就能吸引你的全部注意力，成为你和朋友交谈时唯一的话题。

□ 澳大利亚的设拉子红葡萄酒正在经历一场复兴，但结果不尽如人意——只有一小部分出口到美国。你如果想对西拉红葡萄酒了解得更细致，可以尝尝法国的西拉红葡萄酒和索诺马县的西拉红葡萄酒。

Nebbiolo

内比奥罗

➡️ 内比奥罗红葡萄酒深受葡萄酒鉴赏家们喜爱，其价格通常也是鉴赏级的。 你在尝过陈年巴罗洛红葡萄酒或陈年巴巴莱斯科红葡萄酒之后，就知道鉴赏家们为何如此钟爱这种酒了。

葡萄酒简介

👅 风味
玫瑰、紫罗兰、蔓越莓、樱桃、甘草、枯叶、柏油、皮革

▷ 风格
花香、芳香、果味充沛、泥土味、单宁含量高

📍 主要生产国和产区
皮埃蒙特、伦巴第

💬 别名
斯潘纳（Spanna）、查万纳斯卡（Chiavennasca）、皮卡滕德罗（Picotendro）

内比奥罗是最芳香的红葡萄，用它酿成的酒风格优雅且口感层次丰富。因内比奥罗红葡萄酒酸度和单宁含量都较高，所以在盲品时，大家很容易把它与勃艮第产区的黑皮诺红葡萄酒混淆，尤其是陈化时间较长的黑皮诺红葡萄酒。（单宁含量高有时也不好，如果陈化时间较短，酒的口感会比较紧涩；这种酒就像性格阴沉的年轻人，需要陈化5年以上，其风味才能较好地呈现出来。）内比奥罗这种葡萄原产于意大利西北部皮埃蒙特大区的阿尔巴镇，当地的白松露非常有名且十分昂贵，所以当地的酒价格高也不足为奇，只能说是"物以类聚"吧。

有人认为"内比奥罗"这个名称源于意大利语中的"nebbia"，也就是"雾"，因为皮埃蒙特大区面朝阿尔卑斯山，秋季经常山雾弥漫，所以这里的葡萄成熟较慢，收获期较晚。巴罗洛产区和巴巴莱斯科产区是这里最有名的两个子产区，而且出产的酒都不便宜。这两个产区的酒很适合买来投资和长期收藏，几十年后你一定

会庆幸你做的这个决定！而最佳的选购方案是从阿尔巴镇普通的内比奥罗红葡萄酒开始购买，这些酒通常就是巴罗洛产区和巴巴莱斯科产区降级①后的、用藤龄年轻的葡萄酿的酒。你可以留意一下维埃蒂酒庄的帕巴可内比奥罗红葡萄酒，其价格仅为每瓶 25 美元左右，买到就是赚到。

由于这种葡萄对种植地的环境特别挑剔，所以很少能在意大利之外的地方发现它的身影。皮埃蒙特大区北部种植着一些内比奥罗的克隆品种，比如兰皮亚（lampia），用它们酿的酒酒体比较轻盈。盖梅产区和加蒂纳拉产区的内比奥罗红葡萄酒酒体轻盈；伦巴第产区地处高山，当地种植的内比奥罗葡萄被称为"查万纳斯卡"，该产区的酒风格更质朴（但依然好喝）。

重　点

□ 误区：所有的内比奥罗红葡萄酒价位都较高。不要只关注巴罗洛产区，可以多关注阿尔巴产区，在该产区你可以买到性价比很高的内比奥罗红葡萄酒。皮埃蒙特大区北部的一些子产区（如盖梅产区和加蒂纳拉产区）也有很多不错的内比奥罗红葡萄酒。

□ 内比奥罗红葡萄酒的标志性喝法是在秋天搭配一些油腻的食物饮用。

□ 你如果多花点儿时间和精力，不需要花很多钱就可以买到陈年内比奥罗红葡萄酒。市场上有一些陈年内比奥罗红葡萄酒真的物超所值！

□ 想找一款值得收藏的酒吗？购买内比奥罗红葡萄酒就是一个不错的选择。

了解一下

→ **维埃蒂（Vietti）酒庄，**
位于意大利的皮埃蒙特大区

→ **布罗多（G.B.Brulotto）酒庄，**
位于意大利的皮埃蒙特大区

→ **克兰德恩家族（Clendenen Family）酒庄，**
位于加利福尼亚州的圣玛利亚谷产区

→ **安蒂基·维涅蒂·坎塔卢波（Antichi Vigneti di Cantalupo）酒庄，**
位于意大利的皮埃蒙特大区

→ **瓦纳拉（Vallana）酒庄，**
位于意大利的皮埃蒙特大区

→ **阿尔佩（Ar.Pe.Pe.）酒庄，**
位于意大利的伦巴第产区

---

① 降级：因产量过高或维护较高等级产区的声誉而将质量稍低的（如用新种植的年轻葡萄藤产的葡萄酿的酒）葡萄酒列入更低的级别。

其他值得关注的葡萄品种

● 阿斯提可（Assyrtiko）

葡萄酒风格描述：柑橘味、烟熏味、青苹果味

广泛种植在希腊圣托里尼岛的阿斯提可质量上乘，用它酿成的酒非常受人们的欢迎。我将阿斯提可白葡萄酒看作希腊版本的夏布利白葡萄酒，但由于圣托里尼岛位置更靠南，光照时间更长，所以阿斯提可白葡萄酒的果味比夏布利白葡萄酒的果味更浓郁。阿斯提可白葡萄酒非常适合搭配海鲜。这种葡萄酒酸度较高，为许多侍酒师和葡萄酒专家所钟爱，各大餐厅的酒单上也经常出现它们的身影。另外，这种酒还有一个优点：价格不高。

用阿斯提可酿的酒中，我最爱加亚（Gaia）酒庄地中海阿斯提可白葡萄酒、白银（Argyros）酒庄亚特兰蒂斯白葡萄酒和哈兹达斯（Hatzidakis）酒庄圣托里尼岛阿斯提可葡萄酒。

● 品丽珠（Cabernet Franc）

葡萄酒风格描述：深色水果味、香料味、口感层次丰富

用品丽珠这种红葡萄酿的酒带有香料味和清新的深色水果味。品丽珠原产于西班牙，后传入法国，种植于波尔多产区。由于用单一品丽珠酿的酒不太易饮，所以酿酒师一般将其与赤霞珠混酿；在波尔多右岸，酿酒师则将品丽珠与梅洛混酿，为口感醇

厚的梅洛增添活力。气候较凉爽的产区或年份的品丽珠红葡萄酒和一些特定年份的品丽珠红葡萄酒带有绿色植物味（如青椒味或墨西哥青辣椒味），有些人比较讨厌这种味道，但这一问题已随着气候变化迎刃而解。你可以关注一下位于卢瓦尔河谷的希侬产区、布尔格伊产区和著名的索米尔-尚皮尼产区。托斯卡纳海岸的品丽珠红葡萄酒果味浓郁且风味丰富，而弗留利-威尼斯朱利亚产区的品丽珠红葡萄酒酒体轻盈，香料味较重。

● 佳美（Gamay）

葡萄酒风格描述：果味、花香、有趣

博若莱新酒就是用佳美葡萄酿造的。佳美红葡萄酒的优点是果味浓郁，质朴，且非常易饮。（在法国的自然酒圈内，这种适合畅饮的属性被称为"glou-glou"，也就是人们大口吞咽酒的声音。）在这里应该提一下佳美红葡萄酒的性价比——花费不到 30 美元就可以买到一瓶品质极佳的佳美红葡萄酒。另外，佳美红葡萄酒更适合在它较年轻时饮用。博若莱产区曾遭受过严重的打击，每年秋天，博若莱新酒到货时，法国的经销商们都会大肆宣传、推广这种用佳美快速酿成的、用软木塞封瓶的酒。但当地有少数酒庄选择远离大型葡萄商①，这样的酒庄包括马塞尔·拉皮埃尔（Marcel Lapierre）酒庄、

---

① 葡萄商：从各个葡萄园购买葡萄并卖给酿酒师的公司。

迪特雷夫父子（Jean-Louis Dutraive）酒庄、朱利安·苏尼尔（Julien Sunier）酒庄和富瓦拉尔（Jean Foillard）酒庄，这些酒庄均using有机葡萄酿酒。美国加利福尼亚州的一些酿酒师，如帕克斯·马勒和阿诺特–罗伯茨，酿造了一些很有特色、非常有意思的佳美红葡萄酒。

● 歌海娜（Grenache）
葡萄酒风格描述：芳香、红色水果味、皮革味

提到歌海娜，大多数人都会想到法国的教皇新堡产区，它可谓这里最知名的葡萄。不过，你在西班牙也可以发现这种果味浓郁的葡萄，当地一般将其称为"Garnatxa"（加纳查）或"Garnacha"（加尔纳恰）。歌海娜红葡萄酒的酒精度较高，且大多带有樱桃味或草莓味，这些风味使歌海娜红葡萄酒风格优雅。

阿尔巴利诺（Albariño）
（见第 93 页。）

丽诗丹（Listan Blanco）
葡萄酒风格描述：柑橘味、咸味、口感清爽

近几年非常流行的加那利群岛的葡萄酒中有不少好酒是用丽诗丹酿成的，这令我非常期待西班牙葡萄酒市场的发展。西班牙盛产雪莉酒的赫雷斯产区也种植丽诗丹，当地人将其称为"palomino"（帕洛米诺）。丽诗丹本身的味道比较淡，但加那利群岛的风土赋予了它许多风味。你可以关注一下葡涤（Envinate）酒庄和胡安·弗朗西斯科·法里尼亚（Juan Francisco Fariña）酒庄的丽诗丹白葡萄酒。

● 马尔贝克（Malbec）
葡萄酒风格描述：深色水果味、香气奔放、香料味重

在美国，由于加利福尼亚州的赤霞珠红葡萄酒过于昂贵，所以马尔贝克红葡萄酒便成了人们的新宠。马尔贝克葡萄原产于法国西南部的卡奥尔产区，但目前大多数种植在阿根廷，因为阿根廷种植的马尔贝克葡萄果味更浓郁，用它酿的酒颜色也更深。马尔贝克红葡萄酒口感直接，果味浓郁，风味丰富，是一款易饮的酒。而且其风格多样，既有果味浓郁、风味集中的，也有口感类似于黑皮诺红葡萄酒的。马尔贝克红葡萄酒很适合搭配牛排，而且很实惠。

法国卡奥尔产区的拉格泽特（Lagrézette）酒庄和奥特–塞尔（Haute-Serre）酒庄的马尔贝克红葡萄酒都很不错。在阿根廷的马尔贝克红葡萄酒中，我比较喜欢卢卡（Luca）酒庄和曼德尔（Mendel）酒庄出产的酒，以及米凯利尼兄弟（Michelini Bros）酒庄的等待野蛮人（Esperando a los Bárbaros）马尔贝克红葡萄酒。

● 桑娇维塞（Sangiovese）
葡萄酒风格描述：明快、泥土味、深红色水果味、胡椒味

你如果在意大利中部，尤其是托斯卡纳附近买红葡萄酒，那么你有很大概率买到桑娇维塞红葡萄酒，或用桑娇维塞与其他酿酒葡萄混酿的葡萄酒。桑娇维塞酸度较高，带有浓郁的深红色水果（如酸樱桃和李子）味，非常适合用来酿造基安蒂酒。在用桑娇维塞酿的酒中，我最喜欢蒙特贝汀讷（Montevertine）酒庄的酒，尤其是皮安希安博拉干红葡萄酒，这是一款入门级的酒。此外，我还非常喜欢费尔西纳（Fèlsina）酒庄和迪雅曼（Di Ama）酒庄的基安蒂酒，它们非常味美。用桑娇维塞的克隆品种——大桑娇维塞（sangiovese grosso）酿的酒口感更强劲，在意大利非常有名。你可以尝尝蒙塔希诺红葡萄酒（Rosso di Montalcino）。我很喜欢科西嘉产区的桑娇维塞红葡萄酒，当地人称其为"Nielluccio"（涅露秋）。

主要生产国
和产区

➤ 一瓶葡萄酒的产区能告诉你很多关于这瓶葡萄酒的信息，让你更了解这瓶酒，还有助于你浏览餐厅的酒单和葡萄酒专卖店的货架。这些内容在第209页的"进阶品酒方法"部分也有所涉及。读完那部分，你就能了解法国的霞多丽白葡萄酒与美国加利福尼亚州及南非等地的霞多丽白葡萄酒在风味上的差异。

葡萄酒的风味与产区的土壤、海拔和气候有很大关系，而且即使是相邻的葡萄园，其土壤、海拔和气候也可能有所差异，酿酒风格和酿酒传统也可能不同。各国的酿酒师都想用葡萄酒的风格来展现该国的特点。以奥地利的绿维特利纳白葡萄酒为例：奥地利多岩质土壤和黄土（壤质沉积物），所以葡萄酒中有矿物味，这就是奥地利葡萄酒的特点之一。另外，奥地利是一个具有前瞻性思维的国家，它在葡萄的种植方面还有一个特点，即以绿色可持续的种植方式为主，所以用种植在这里的绿维特利纳酿的酒，与用种植在气候干燥、光照充足且土壤肥沃的纳帕谷的绿维特利纳酿的酒在味道上大有不同。

葡萄酒产区数不胜数，每年都有新产区出现。由于葡萄酒越来越受欢迎，你能在市面上见到来自中国、瑞典、英国的葡萄酒。在本书中，我重点介绍了几个国家的葡萄酒。你可以看看哪个国家的酒最合你的口味，下次点酒的时候可以尝尝这个国家的酒。

葡萄酒产区的影响因素

▲ 风土

让人望而生畏的葡萄酒术语有不少，"风土"就是其中之一，它决定了葡萄酒的风格。前文中我给出了它的定义：葡萄园的土壤、气候和地形等一系列自然因素。含各种矿物质的土壤，如沙土、黏土、石灰岩及肥沃的壤土[①]赋予了葡萄特定的风格。不仅如此，葡萄园所在地特有的小气候[②]、海拔以及位置也能对葡萄产生独特的影响。（矿物能影响酒的风味这一说法还未得到科学证实。实际上，2013 年，加利福尼亚大学戴维斯分校的研究人员曾发现，真菌和细菌起的作用可能更大，它们更有可能给酒"打上地理标签"，且对酒的风味影响更大。）

这一理论很容易验证。以法国的巴塔-蒙哈榭酒庄和碧维妮-巴塔-蒙哈榭酒庄为例，它们仅隔着一条 6 英尺（约 1.83 米）宽的小径，酿的葡萄酒的风格却大不相同。这是因为巴塔-蒙哈榭酒庄在缓坡偏上处，碧维妮-巴塔-蒙哈榭酒庄在缓坡偏下处，由于雨水冲刷，越靠近坡底，石灰岩上覆盖的土就越厚，黏性也越强。当然，验证这个案例的成

本很高，因为这两个酒庄的酒都不便宜。有些酿酒师会从葡萄园的不同区域分别采摘葡萄、酿酒、装瓶，所以你也可以找他们来验证这一理论。确保几款酒的年份和生产商一致后，就可以试着比较一下，找出它们的区别了。

同样，食物也受风土的影响。我的一个住在伦敦的朋友原本不认可这一观点。前段时间，他迷上了意大利阿马尔菲海岸的芝麻菜，那里的芝麻菜的叶子是尖的，味道辛辣、浓烈。他当时所在的酒店的工作人员送了他一些芝麻菜种子，他把它们种在了他家的花园里。伦敦的春天比较冷，天空向来是灰蒙蒙的，芝麻菜的苗在这个季节破土而出了。但令他失望的是，芝麻菜最终长出的叶子是圆形的，且味道也跟他在超市买的普通芝麻菜一样淡。我知道后笑着对他说："你忘记考虑风土因素了！就算你在伦敦种植柏图斯酒庄[③]的葡萄藤，你也无法酿出世界一流的葡萄酒。"

● 气候温暖 vs 气候凉爽

气候能影响葡萄藤的生长，从而极大地影响葡萄酒的甜度、酸度、酒体饱满度及酒精度。一个漫长的、炎热干燥的夏季和一个短暂的、多雨的夏季对酒的影响有很大区别。用在温暖气候下种植的葡萄酿的酒往往酒体宏大、果味浓郁、口感圆润，酒精度较高；而用在相对寒冷气候下种植的葡萄酿的酒往往带有清新的果味，酸度较高，当然，酒精度也较低。

我希望有一张地图，它将世界各地划分为温暖气候区和凉爽气候区，但每个地区内不同位置的海拔和与水源的距离不同，气候也不同，因此一张地图很难全部概括。（想想阳光充足的索诺马谷和多雾的索诺马海岸。）另外，温暖气候区偶尔也有气候凉爽的年份，凉爽气候区某一年也可能气候温暖。你是否感到不可思议？欢迎你来体验我的工作。

你知道吗？

葡萄会被晒伤。晒伤后的葡萄并不好看：它们皮革般的果皮以及含糖的果肉会吸引黄蜂。黄蜂的螫针刺破葡萄皮后，葡萄果肉会与氧气接触，导致其挥发性酸浓度增高，葡萄中有一股醋味。这种味道并非人人都爱。

---

① 壤土：含黏土、沙子和有机物质的土地，也叫肥土或沃土。——译者注

② 小气候：受局部地形、土壤和植物等影响，地表以上 1.5~2.0 米空气层所产生的特殊气候。

③ 柏图斯酒庄：位于法国，拥有 11.5 公顷葡萄园，被葡萄酒界尊为顶级酒庄。——译者注

南非跨越了旧世界和新世界的界线，
欧洲属于旧世界。

葡萄酒的新世界和旧世界分别指什么？

总体而言，在葡萄酒领域，旧世界只有欧洲，欧洲以外的所有地区都属于新世界。过去，有些假内行认为旧世界的酒更胜一筹，新世界的酒价格低、质量差；但现在，即使是这些人也承认世界各地都有一些很棒的酒！

总体来说，新世界的生产国或产区，如澳大利亚、阿根廷和美国的加利福尼亚州，气候比较温暖；旧世界的生产国或产区的气候则比较凉爽。当然，每个产区都可能出现意外现象。全球变暖使一切变得难以预料，酒的风味每年都在变化。现在，波尔多右岸夏季的温度开始破纪录式地升高，所以这里的某些葡萄酒在酒精度上开始向加利福尼亚州的葡萄酒靠拢，能达到 15% vol~16% vol，一些酿酒师为了保留葡萄的酸度，会选择提前采摘。

有些人认为新世界的葡萄酒果味更浓郁，而且由于酿酒葡萄的含糖量更高，所以酒精度也更高。另外，新世界的酿酒师喜欢使用橡木。但这些都在不断变化，尤其是加利福尼亚州的部分酒庄和澳大利亚的部分酒庄。有些人说新世界的红葡萄酒酒体饱满且带有果酱味，这简直是无稽之谈。话虽如此，但我能在酒中尝出加利福尼亚州成熟葡萄的特点，尽管它们的风格更偏欧式（橡木味较淡）。而且我确实认为新世界的葡萄酒香气更单纯、更直接，也更不容易展现它们的土壤特征。

旧世界受制于葡萄酒法规这一点并非虚言。新世界的酿酒师可以把未成熟的葡萄浸入麦芽糖浆以降低葡萄的酸度，也可以通过将黑皮诺与颜色更深的葡萄混酿来加深黑皮诺红葡萄酒的颜色，使其看上去品质更高。但在法国，做这些事是违法的。

有一个国家完美地跨越了旧世界和新世界的葡萄酒风格界线。侍酒师圈内有一句话："盲品时，你如果不确定某款葡萄酒来自新世界还是旧世界，那就想想它是否来自南非吧！"南非的葡萄酒既有温暖的气候赋予的独特、丰富的风味，也有凉爽的气候孕育出的优雅感，二者的结合可谓所向披靡。

向阿尔多
提问

哪些生产国和产区的酒的品质值得信赖?

☐ 波尔多产区的葡萄酒一直是我的最爱,这句话我真的说了太多次!(我希望埃里克·里佩特,也就是上文提到的伯纳丁餐厅的主厨没有看到这句话,因为我从进餐厅的第一天便开始与他争论到底谁更爱波尔多葡萄酒!)

■ 奥地利的白葡萄酒,无论价格高低,都值得信赖。

■ 索诺马海岸的葡萄酒的品质如何取决于酒庄,但总体表现相当稳定。

☐ 门多萨产区的马尔贝克红葡萄酒价格透明、质量可靠。它们是最好的马尔贝克红葡萄酒吗?并不,但它们的品质很稳定。

☐ 卢瓦尔河谷的葡萄酒品质稳定、可靠,尤其是桑塞尔白葡萄酒。

☐ 托斯卡纳的酒也不错,但价格较高。

■ 新西兰的长相思白葡萄酒风味呈现很直接。但你喜不喜欢它们就是另一回事了!

关于原产地

➡️当你开始了解那些世界闻名的顶级名庄佳酿时，法国一定是你第一个了解的葡萄酒生产国。法国是第一个制定原产地保护法令[①]的国家，这意味着该国要根据原产地的风土条件（土壤、气候、光照度和过去十年间产的葡萄酒的质量稳定性）对葡萄酒进行分析和研究。符合要求的酒的酒标上有 AOC（Appellation d'Origine Controlee，原产地命名控制）认证，如今这个缩写词已经改为 AOP，其中的"P"代表 Protégée（法语"保护"）。该法令严格限制了酿酒葡萄应种植在哪个村庄、各产区应该种植什么品种的酿酒葡萄、葡萄酒的产量是多少、葡萄酒的酒精度最低是多少以及葡萄酒的典型特征[②]。因此，法国的酿酒师无法自由选择想种植的酿酒葡萄的品种，除非他们选择将葡萄酒降级或放弃原产地标签。而且，越来越多的年轻一代的自然派酿酒师以"地方佐餐酒"（Vin de Pays）或"法国日常佐餐酒"（Vin de France）这两种最低标准的级别为傲。

意大利本土的酿酒葡萄品种多到令人眼花缭乱。在意大利，酿酒受 DOC（Denominazione di Origine Controllata），也就是与原产地保护命名制度相关的法律的约束。除此之外，意大利针对那些比较特别的酒创了另一种认证，那就是 DOCG（Denominazione di Origine Controllata e Garantita，优质法定产区葡萄酒）认证制度。由于意大利政府换届的速度比法律通过的速度还快，所以这一认证能够保护意大利本土的葡萄酒贸易，支持酿酒师的发展。例如，法国的赤霞珠、梅洛及西拉等酿酒葡萄进入意大利的托斯卡纳时，由于这些葡萄品种不是意大利的法定酿酒葡萄，所以用它们酿的葡萄酒只能被贴上"Vino da Tavola"（佐餐酒）的标签。这也意味着意大利本国的一流葡萄酒，如超级托斯卡纳葡萄酒，和简单的利乐包装的葡萄酒属于同一级别。所以，IGT（Indicazione Geografica Tipica，地方佐餐酒）认证应运而生，用来区分不同类型的葡萄酒。这一认证标签仅表示葡萄酒产区的信息，没有其他含义。

在美国，最接近 AOP 认证的是 AVA[③]认证，美国对这些认证的管理相对宽松。

请注意，这些认证标签并不能反映葡萄酒的品质与价值，更多的是展现各国对本国独特的葡萄酒的自豪感。

---

① 原产地保护法令：规定了葡萄的种植地，以及标有 AOC 或 AOP 的葡萄酒的特定风格。

② 典型特征：葡萄酒反映出的葡萄品种或者产区的特征。

③ AVA：American Viticultural Areas，美国法定葡萄种植区。根据美国的原产地命名制度，这个标签代表由原产地的酿酒葡萄按法定比例酿制而成。

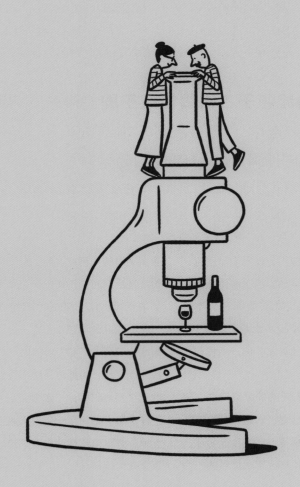

法 国

➔ 葡萄酒起源于古格鲁吉亚王国。 当然，希腊人和罗马人进一步推动了它的发展，但法国人用了几个世纪甚至上千年的时间来磨砺自身的葡萄种植技术和酿酒技术。这就是为什么如今法国人与葡萄酒的联系最为紧密，更不用说法国人的生活多么离不开葡萄酒了。

如今，你能在世界各地发现黑皮诺、赤霞珠、西拉和霞多丽。这些都是法国的葡萄品种！你还能发现酿酒师在橡木桶中陈化葡萄酒，这项技术也源于法国！通过葡萄酒打造奢侈品集团，这一点也超级"法国"！

法国有 11 个主要的葡萄酒产区，每个产区都有独特的土壤、气候和酿酒方法。从波尔多产区和勃艮第产区的顶级名庄，到奥弗涅产区和汝拉产区不成体系的、由农民主导的小酒庄，每个酿酒师都在全神贯注地应对起伏不定的天气状况，你能在酒中品到他们对酒的关怀和自豪感。

法国在酿酒技术不断进步的同时也保留着传统理念。你如果有幸与亚历山大·查托涅交谈，听他讲述熟悉葡萄园的过程他花了多长时间，一定会大吃一惊。法国的许多酿酒师将其一生都奉献给了他们的土地，并希望这种理念能够传给下一代，甚至代代相传。

法国的葡萄酒产区①

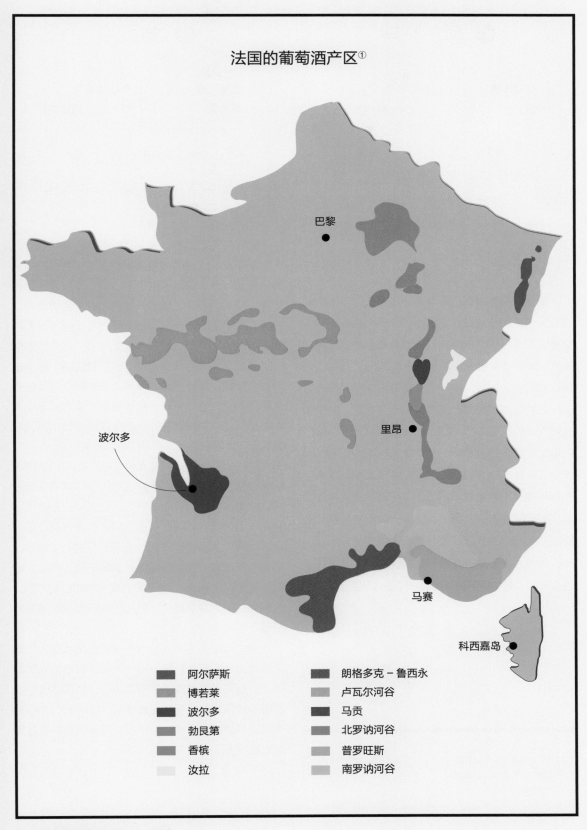

巴黎

里昂

波尔多

马赛

科西嘉岛

■ 阿尔萨斯	■ 朗格多克－鲁西永
■ 博若莱	■ 卢瓦尔河谷
■ 波尔多	■ 马贡
■ 勃艮第	■ 北罗讷河谷
■ 香槟	■ 普罗旺斯
□ 汝拉	■ 南罗讷河谷

① 本书地图系原文插附地图。——编者注

● 阿尔萨斯

→ 红葡萄酒	白葡萄酒
黑皮诺	雷司令、琼瑶浆、西万尼、灰皮诺、白皮诺、麝香

阿尔萨斯的葡萄酒在酿造工艺上具有法国葡萄酒的特点，在残糖含量上具有德国葡萄酒的特点。它口感层次丰富，与食物百搭，非常讨喜。

阿尔萨斯在德国的东北方，在历史上曾多次分别归属于德国和法国。这造成了许多影响，比如，它是法国唯一一个像德国那样用葡萄品种而非用产区来给葡萄酒命名的产区。该产区 90% 的葡萄酒都是白葡萄酒。过去，该产区的葡萄酒偏甜，但现在该产区的葡萄酒纯净、干爽，多为芳香型，通常带有蜜饯味和烟熏味。（事实上，从 2008 年起，该产区规定标准瓶装的雷司令白葡萄酒必须是干型的。）该地区共有 51 个特级园①，它们会在酒标上署名，而且与勃艮第的葡萄酒相比，这些酒庄的酒便宜得多。该产区的酒非常容易买到，且适合搭配各种食物。正如我在伯纳丁餐厅的同事萨拉·托马斯所言，对那些因为不喜欢甜味而不愿尝试雷司令白葡萄酒的人来说，阿尔萨斯葡萄酒是一个很好的起点。

---

① 特级园：法定产区中级别最高的酒庄，比其低一个级别的是一级园。

● 勃艮第

→ 红葡萄酒	白葡萄酒
黑皮诺	霞多丽、阿里高特

勃艮第是一个非常壮观的产区，这里有世界上最好的葡萄酒，无论是红葡萄酒还是白葡萄酒。

勃艮第风景如画，拥有辽阔的丘陵与平原，几个世纪以来，这里的酿酒师一直在不懈地提高葡萄酒的质量。他们对酿酒的追求，加上该产区的历史条件以及较为凉爽的气候，造就了许多绝世佳酿。先进的酿酒技术和成品酒的优异表现使得不论是用黑皮诺酿成的顶级勃艮第干红葡萄酒，还是出色的霞多丽白葡萄酒，即使昂贵依然备受追捧：前者单宁融合完美，果味诱人且精致，陈年顶级勃艮第干红葡萄酒还带有松露味；后者则带有浓郁又不乏清新感的奶油味和糖果味，以及优雅的绿色水果味和金银花味。这些均与该产区的地位无关。

勃艮第地处第戎和马孔两个城市之间，子产区的划分非常复杂，所以了解该产区确实需要花些时间。勃艮第产区有 4 个子产区，分别是金丘产区、夏隆内丘产区、马贡产区和卫星产区欧塞瓦产区。这听起来似乎很简单，对吧？但它们还可以被细分，例如金丘产区又被分为夜丘产区和伯恩丘产区，前者主要产红葡萄酒，后者则产红葡萄酒和白葡萄酒。位于勃艮第"金字塔尖"的名园被评为一级园或特级园。

那么问题来了，人们为什么要自寻烦恼去了解这些知识呢？这么说吧，你一旦尝过勃艮第品质最佳、价格最高的黑皮诺红葡萄酒，以及口感强劲、经橡木桶陈化的霞多丽白葡萄酒，就会明白为什么有些人愿意花这么多时间学习如何解读勃艮第迷宫般复杂的产区名称了。

葡萄园①分级制度

我们从最基本的概念说起，"名园"或"名庄"指 19 世纪中期的一个官方葡萄酒批发商组织根据葡萄园的风土条件，评选出的一些优于其他葡萄园的葡萄园，这些优质葡萄园拥有质量上乘的葡萄、肥沃的土壤、适宜的气候条件等，能够持续出产高品质的葡萄酒。波尔多和勃艮第都拥有自己的评级体系，在勃艮第，级别最高的是特级园 (grand cru)，其他依次是一级园、村庄级葡萄园和大区级葡萄园。

但这个分级制度是 1855 年制定的，距今已有一百多年，当时被认为有价值的酒如今的表现是否一如既往？现在花大价钱买那些酒是否值得？答案是：这完全取决于酿酒师。这么说吧，神户牛肉是公认的世界上最好的牛肉，但如果厨师把它煎过头了，它的味道也不比澳洲本地牛排店的牛排的味道好多少。

其他国家的葡萄园分级制度很少像法国的这样严格。意大利会在酒标上标"cru"来表示单一园葡萄酒，但这并非品质佳的标志。最能代表品质佳的术语是德国的"GG"（Grosses Gewächs，特级葡萄园）和奥地利的"Erste Lage"（一级葡萄园）。这些术语还能反映其他信息，比如法国的葡萄园等级是由政府部门评定的，而德国的"GG"是由私人俱乐部评定的，但那完全是另一回事……

如何了解勃艮第产区不同级别的葡萄酒？

我的建议是先从入门级葡萄酒开始了解，逐步升阶，最后了解顶级酒庄的酒，这样你才能真正感受到它们之间的不同。你可以先购买标有"Bourgogne blanc"或"rouge"的酒，这样的酒产自未分级的葡萄园，它们通常位于山麓或平原。如果你喜欢上了这种酒，那么接下来你可以尝尝村庄级葡萄酒，这种酒一般产自靠近（最令人向往的）山丘的某个村庄的葡萄园。你会发现，村庄级葡萄酒与入门级葡萄酒相比，酒体更加饱满。以霞多丽白葡萄酒为例，村庄级霞多丽白葡萄酒不那么清淡，也没有浓重的柑橘味。有一些村庄级葡萄酒很有价值，特别是知名酒庄的"降级"葡萄酒。你在去顶级酒庄购买最高端的葡萄酒之前，应该尝一尝未分级的单一园葡萄酒。特级园一般位于山丘中间，此处的阳光以完美的角度照射到葡萄藤上，土壤也因侵蚀而丰富多彩。特级园的酒价格最高，需要在你买的第一瓶勃艮第白葡萄酒的价格后面加一个、两个甚至三个"0"，才能买到。所以现在，由你来决定是否值得！

① 葡萄园：以特定方式栽培葡萄、持续出产高品质葡萄酒的园地。

● 博若莱

→ **红葡萄酒** | **白葡萄酒**
佳美 | 霞多丽

广告中的各种妙语将该产区的酒定位为"简单、有趣又实惠"。

博若莱产区位于勃艮第产区的南部。在过去的这些年,该产区经历了相当大的变化。这里曾经出产装瓶后立即上市的便宜葡萄酒,而现在这里已经成为非常流行的佳美红葡萄酒的主要产地。这里风景如画,有机会你一定要来看看。这里有很多很棒的酿酒师,这里的葡萄酒品质很好,没有过于华丽的包装。这里既有许多大型经销商,也有许多热衷于葡萄酒事业的小型酒庄,而且"自然酒运动"已经扎根在这里。你很少能看到包装精美、标有"博若莱"的葡萄酒。博若莱有 10 座优质村庄级葡萄园,如墨贡、福乐里、雷妮、风车磨坊等,你可以在其中任意选购葡萄酒。

侯安丘

博若莱的佳美红葡萄酒已经不算新鲜事物了,你可以尝尝卢瓦尔河谷的侯安丘出产的佳美红葡萄酒,它好喝又百搭。我最喜欢的酒庄是塞罗尔(Sérol)酒庄。这里的酒易饮且迷人,实惠又好喝!我最爱这里的艾科列·德格拉尼特(Éclat de Granité)干红葡萄酒,这款酒的价格大约为每瓶 21 美元。

● 波尔多

→ **红葡萄酒** | **白葡萄酒**
赤霞珠、梅洛 | 长相思、赛美蓉

波尔多的葡萄酒口感强劲、风味丰富,这就是为什么几个世纪里,国王们都爱喝这里的葡萄酒。

波尔多位于法国西南部,这里的葡萄酒十分经典,它们风味持久,且在酒杯中的呈现堪称完美,理应得到特别嘉许。波尔多葡萄酒是经典佳酿的标杆,这些酒陈化后品质非常高。(如果你问葡萄酒评论家他们最喜欢的前十款酒是什么,我保证,其中至少有两款波尔多葡萄酒。)这里不仅拥有绝佳的、有利于葡萄生长的风土条件,而且酿酒历史很悠久,早在 18 世纪以前,这里的人们就开始酿造葡萄酒了,所以这里的酿酒师早已积累了充足的经验。波尔多毗邻港口,几个世纪以来,这里的酒一直销往英国,要知道英国人对葡萄酒的要求很高。在很久以前,波尔多产区设定的酿酒标准就非常高,而且现在的酿酒师仍然按照传统方式酿造葡萄酒以符合该产区的标准。

波尔多左岸和波尔多右岸

阿尔多
的诀窍

如何找到一瓶超值的波尔多葡萄酒

你如果发现自己喜欢波尔多葡萄酒，并且做好了多花点儿钱的准备，那就不要把注意力放在近几年出产的葡萄酒上，因为它们比火爆的音乐剧《汉密尔顿》的票卖得都快。你会发现其实某些陈年波尔多葡萄酒非常有价值，而且其价格通常远低于新葡萄酒。要知道，随着时间的推移，波尔多葡萄酒的品质会越来越高，所以你买的陈年酒现在就可以喝了。双赢！

波尔多产区的划分没有勃艮第产区的那么复杂，吉伦特河口湾将其分为左右两岸。波尔多左岸主要有圣朱利安产区、圣埃斯泰夫产区、波亚克产区、玛歌产区和佩萨克－雷奥良产区，主要出产赤霞珠红葡萄酒，经营模式偏商业化，一些知名酒庄会被奢侈品集团收购；波尔多右岸主要有波美侯产区和圣埃美隆产区，主要出产梅洛红葡萄酒，这里的酒庄多为采用手工酿造工艺的小型酒庄，而且新酒庄层出不穷，整个波尔多右岸发展得非常迅速。另外，两海之间产区的白葡萄酒物美价廉，与河岸上那些已成为旅游景点的酒庄出产的酒截然不同。

梅多克产区在 1855 年被划入波尔多产区，梅多克产区的酒庄也在那时得到评级，但在那之后，它们的等级几乎没有变化。因此，不要局限于知名一级庄的酒，这些酒庄的所有权很可能在很久以前就变更了。例如，波亚克产区的庞特－卡奈古堡在1855 年仅被评为五级庄，但后来，它采用生物动力种植法和先进的酿酒工艺，现在它是波亚克产区的知名酒庄，被众多酒评家誉为"波尔多新星"。

75

自 2020 年起，酿造水晶香槟酒的葡萄全部采用生物动力法种植。

● 香槟

→ 红葡萄酒	白葡萄酒
黑皮诺、莫尼耶皮诺	霞多丽

香槟酒不只在生日和新年前夜才能喝，香槟产区也并非到处都是高档的商业化酒庄。一些小众的后起之秀正在改变该产区的酿酒模式。

香槟产区是一个专门划分的区域，位于巴黎以东，距巴黎约一个半小时的车程。由于气候过于寒冷，所以该产区是罗马人建造的最后一个葡萄酒产区。只有香槟产区的起泡酒可以被称为"香槟酒"，其他产区的起泡酒只能被称为"起泡酒"，它如果来自香槟产区以外的法国法定产区，也可以被称为"克莱芒起泡酒"。香槟酒通常由上面列出的三种葡萄单独酿造或混酿而成，不过也允许用该产区的其他葡萄酿造。

20 世纪 80 年代中期，安塞尔姆·瑟洛斯接管了家族的特级葡萄园，从而使得这一区域典型的商业模式发生了改变。瑟洛斯放弃使用当时常见的高产量、低质量的葡萄，转而关注葡萄本身。他采用有机栽培、控制产量和使用天然酵母菌等措施，并减少了用于陈化葡萄酒的新橡木桶的数量和亚硫酸盐的添加量。尽管当时他被视为另类，但在 1994 年，他被评为法国年度最佳酿酒师。如今在香槟产区，像他这样的独立酿酒师越来越多，一些大型酒庄也开始效仿他的做法。香槟产区的酒很适合与美食搭配，享用它们是一件令人兴奋的事。

香槟产区我最喜欢的 5 个酒庄

路易王妃香槟酒庄、德茨香槟酒庄、唐·培里侬香槟王酒庄、库克香槟酒庄、沙龙贝尔香槟酒庄

我最喜欢的 6 款酒农香槟酒

阿格帕特父子香槟酒、夏尔多涅－泰耶香槟酒、弗雷德里克·萨瓦尔香槟酒、布莱切父子香槟酒、皮埃尔·彼得斯香槟酒、克里斯托夫·米尼翁香槟酒（性价比最高，价格约为每瓶 50 美元）

种植者最爱的酒庄

我曾在香槟地区旅行过一周，当时我向我遇到的每一个农场主都提出了一个问题：他们最尊敬哪个酒庄。他们全部给出了一个我本以为绝不应出自农场主之口的答案——路易王妃香槟酒庄！该酒庄用的酿酒葡萄有一半是有机栽培的，并且经营理念十分先进。该酒庄的主人是位大善人，他会与农民交谈，举办研讨会，公平地给工人们发工资。农场主们都对该酒庄的主人非常尊敬。香槟产区金钱至上的观念比较严重，而路易王妃香槟酒庄并非如此，它在这里属于规模相对较小的酒庄，对小酒庄而言，质量可靠是第一位的。

法国有句老话："喝完勃艮第产区的酒，你会想些蠢事；喝完波尔多产区的酒，你会说些傻话；而喝完香槟产区的，你就会做那些蠢事。"你亲口尝过这几个产区的酒之后，就能明白这句话的意思了。

为什么我钟爱酒农香槟酒?

➤你如果去葡萄酒专卖店,可能无法完全辨识香槟产区的货架上许多酒的酒标。这是因为香槟产区的一些非常迷人的葡萄酒都产自不太知名的小酒庄,那里的香槟酒风味独特,品质极佳,拥有一些大型酒庄出产的酒不具备的特点。简单来说,酒农香槟酒一般由农场主酿造,这些农场主拥有自己的葡萄园,并且自己酿造、销售和推广葡萄酒。我一开始比较钟爱大型酒庄的香槟酒,因为感觉它们的品质更稳定,但后来我逐渐爱上了酒农香槟酒,对它们充满了热情。

你不妨这样想:酩悦香槟酒庄、凯歌香槟酒庄都是比较高档的酒庄,所以这些酒庄出产的酒必须品质始终如一,物有所值。酿酒师们从产区各处采购葡萄来酿酒,不断尝试将不同的葡萄酒按比例混合,直至得出恰当的混合比例,以使消费者喝一口就能认出这些酒庄出产的酒。让我们面对现实吧:在生活里,我们期望所有饮食的味道都与我们预期的相同!

一般情况下,大型酒庄的香槟酒更甜。

这是因为它们并非使用单一葡萄园采摘的葡萄酿酒,而使用不同地区的葡萄混酿,其中还有些未成熟的葡萄。因此,为了平衡未成熟的葡萄的高酸度,他们会在酿酒过程中加糖。

酒农香槟酒的原料通常是采用生物动力法种植的葡萄,这些葡萄果皮不光滑且可能有棕色斑点,但味道非常好。而且,这些农场主不会在葡萄的种植过程中添加过多的化学成分,不会在葡萄未成熟时采摘,也不会从南美洲购买打蜡的葡萄。当然,我只是随便说说,事实并非全部如此!

酒农香槟酒的品质会根据酿造年份天气的不同而上下起伏,所以购买它们需要一点儿好运气。

你可以分别尝尝入门级的酩悦香槟酒和夏尔多涅-泰耶圣安娜特酿极干型(Chartogne-Taillet Sainte Anne Brut)香槟酒,并且比较一番。希望你能认同"小型酒庄的香槟酒味道更好"这一说法。

○ 汝拉

红葡萄酒	白葡萄酒
黑皮诺、普萨、特卢梭	霞多丽、萨瓦涅

你如果喜欢自然酒，就会对该产区的酒，尤其是白葡萄酒产生探索的兴趣。

汝拉产区位于勃艮第产区东边，毗邻瑞士，当地的酒庄以小型酒庄为主，多出产一些很有特色的葡萄酒。因为勃艮第葡萄酒的价格越来越高，所以人们开始寻找替代品，你能在该产区找到一些品质极佳、矿物味较重的葡萄酒。

萨 瓦

汝拉产区极具创意的白葡萄酒早已闻名于世，但最近，汝拉产区附近的萨瓦产区的一些白葡萄酒引起了我的兴趣。当地的贝吕德（Belluard）酒庄专门用一种名为"格里涅"的白葡萄来酿酒，彰显了该酒庄的个性。你可以尝尝该酒庄的勃朗峰珍珠干白（Les Perles du Mont Blanc）起泡酒。阿杜瓦西埃（Ardoisieres）酒庄也将精力放在一些本地的稀有葡萄上，比如种植在陡峭的小山坡上的魄仙红葡萄。

● 朗格多克-鲁西永

红葡萄酒	白葡萄酒
歌海娜、西拉、佳丽酿、神索	白歌海娜、麝香

这里出产的葡萄酒大多品质一般，但也有超值的好酒。

朗格多克-鲁西永产区位于法国西南部，被大多数人认为是出产散装葡萄酒的地方，该产区一直试图摆脱这一名声。这里的风土条件很好，许多酿酒师都在石灰岩土壤中种植葡萄，法国里维埃拉地区充足的阳光使该产区的葡萄酒果味更浓郁。该产区经常开展一些有趣的葡萄酒活动，葡萄酒也比较便宜。你在该产区品尝了一定量的酒之后，就能在其中发现一些好酒。米内瓦、佛格莱尔、圣希尼昂和科比耶尔这几个子产区有一些非常有趣的混酿葡萄酒，这些酒口感层次非常丰富。你还可以尝尝佩雷斯（Pères）酒庄的酒。

⬤ 卢瓦尔河谷

红葡萄酒	白葡萄酒
佳美、品丽珠、黑皮诺	长相思、白诗南、勃艮第香瓜（别名慕斯卡德）

该产区的酒很容易买到，它们味美又实惠，是不错的选择。你可以多多关注该产区的自然酒。

该产区位于巴黎南部的卢瓦尔河畔，是法国风景最秀美的地区之一。这里酒庄遍布，是自然酒运动的发源地。由于地形较为狭长，该产区被划分为四个彼此之间差异较大的区域。

中央葡萄园（卢瓦尔河上游）以酿造桑塞尔白葡萄酒和普伊－富美白葡萄酒而闻名。此外，这里的黑皮诺红葡萄酒颜色较浅，口感清新活泼，带有玫瑰味，品质更不必多说。

你如果想买一些性价比高的酒，可以选择中央葡萄园西边的默讷图-萨隆产区的长相思白葡萄酒，该产区有许多经常被忽视的好酒。

历史名城图尔市的旁边就是图赖讷产区，该产区的葡萄酒种类繁多，既有干型和半干型葡萄酒，也有甜型葡萄酒，这些酒的陈化潜力都比较大。

希农产区和布尔格伊产区比较有名的酒是品丽珠红葡萄酒，酒中有甜椒的香气。安茹产区和索米尔产区也种植着许多品丽珠和佳美。另外，这两个产区种植着号称世界上最好的白诗南。

从卢瓦尔河顺流而下，便来到了慕斯卡德产区，这里有一种叫"勃艮第香瓜"（别名"慕斯卡德"，与勃艮第没有任何关系）的葡萄，用这种葡萄酿的天然极干型葡萄酒口感非常清爽，风味极佳，非常适合搭配海鲜。奇怪的是，它没有吸引到很多顾客，不过这也意味着购买它们非常划算！

⬤ 马贡

红葡萄酒	白葡萄酒
黑皮诺	霞多丽、阿里高特

该产区盛产勃艮第葡萄酒的平价替代品。

你如果想买一瓶很棒的法国霞多丽白葡萄酒或皮诺葡萄酒，但不愿意花费一百多美元，就来马贡产区看看吧。这里虽然没有特级园，但并不意味着这里的酒质量差。马贡产区北边是夏隆内丘产区，你能在其中的吕利、梅尔居雷、蒙塔尼这3个法定产区发现一些很有趣的霞多丽白葡萄酒，它们不如金丘的葡萄酒那般风味复杂，但喝起来很有意思，而且价格低，不会使你经济负担过重。

传统的基尔酒是用布哲宏产区口感爽脆、带有柑橘味的阿里高特葡萄酒与黑醋栗利口酒调配而成的。夏隆内丘最有意思的红葡萄酒在日夫里产区，你可以尝尝若布洛（Joblot）酒庄的酒。

近年来，拉丰（Lafon）酒庄和勒弗莱酒庄等伯恩丘产区的知名酒庄都在马贡产区投资，这里因此成了出产优质霞多丽白葡萄酒的热门产区。

⬤ 北罗讷河谷

红葡萄酒	白葡萄酒
→ 西拉	维欧尼、玛珊、瑚珊

　　北罗讷河谷的葡萄酒或优雅或激烈，风格丰富多样。另外，该产区的西拉红葡萄酒世界闻名。

　　北罗讷河谷的占地面积比南罗讷河谷的小，但我不得不承认，它是我最爱的产区之一。为什么呢？首先，该产区的酒庄大多为小型酒庄。其次，该产区地势陡峭，花岗岩土壤造就了口感强劲、极富魅力的葡萄酒，这些葡萄酒有一种特别的优势，或者说拥有能让你驻足思考的优秀品质。

　　北罗讷河谷下辖的孔得里约产区种植着维欧尼葡萄，用这种葡萄可以酿出带有桃子味的低酸度白葡萄酒，玛珊、瑚珊这两种葡萄则主要用来酿造酒体饱满的埃米塔日葡萄酒。（让-路易·沙夫酒庄有一款我很喜欢的荒岛葡萄酒。）

　　北罗讷河谷的许多红葡萄酒我都非常喜欢，这

么说吧，我家的酒窖里至少一半的酒都产自这里。该产区的葡萄酒非常神奇，不仅酸度高，还有鲜明的果味，我非常喜欢它们丰富且集中的风味。用种植在陡峭的斜坡上的西拉酿出的葡萄酒味道独一无二。该产区下辖的罗第丘产区出产的酒兼具芳香与优雅，而从罗第丘产区向南行驶一小时，你能品尝到酒体饱满的埃米塔日葡萄酒和风味粗犷的科尔纳斯葡萄酒，产自杰美特酒庄、奥杰（Ogier）酒庄、蒂埃里·阿勒芒（Thierry Allemand）酒庄和诺埃尔·弗塞特（Noël Verset）酒庄的酒都很不错。

　　北罗讷河谷的酒价格较高，但你如果愿意多花些心思，也可以少花些钱。你可以多多关注这里的圣约瑟夫产区，尝尝产自莫尼耶·佩雷欧（Monier Perréol）酒庄、皮埃尔·戈农（Pierre Gonon）酒庄和让-路易·沙夫酒庄的葡萄酒。罗讷河谷山地的葡萄酒也非常划算：杰美特酒庄和福里（Faury）酒庄等出产一些酒体较轻盈的葡萄酒，这些酒可谓平价版的"正牌酒"（grand vins）。

◯ 南罗讷河谷

→ | 红葡萄酒 | 白葡萄酒 |
|---|---|
| 慕合怀特、西拉 | 白歌海娜 |

该产区是歌海娜的故乡，从卑微一步步走向辉煌。

北罗讷河谷的葡萄酒由于供应量有限，所以很难买到，而南罗讷河谷的情况完全相反。在来自法国南部的寒冷的密史脱拉风[1]与该产区温暖的沙质土壤的共同作用下，该产区与波尔多产区一样高产。南罗讷河谷的葡萄酒大多口感强劲、单宁紧实，价格也比较低，适合日常畅饮。

教皇新堡产区是南罗讷河谷最著名的子产区，该产区法定酿酒葡萄多达 13 种，盛产一种以歌海娜为主要原料的混酿葡萄酒。一般情况下，用果皮薄的歌海娜葡萄酿的酒颜色较浅，酒精度较高——最高可达 16% vol。吉恭达斯产区位于教皇新堡产区东边，地势低于教皇新堡产区，这里的红葡萄酒通常口感强劲。塔维勒产区盛产桃红葡萄酒，该产区的桃红葡萄酒风味丰富，主要用歌海娜和神索这两种葡萄酿造而成。

---

① 密史脱拉风：法国南部从北沿着罗讷河流域吹的一
　　种干冷强风。——译者注

⬤ 普罗旺斯

→ | 红葡萄酒 | 白葡萄酒 |
|---|---|
| 歌海娜、西拉、神索 | 玛珊、瑚珊、白歌海娜、白玉霓、维蒙蒂诺、赛美蓉、克莱雷 |

普罗旺斯不仅出产桃红葡萄酒。

普罗旺斯位于法国南部，阳光明媚、风景优美，一直以出产简单易饮的桃红葡萄酒而闻名于世，但这也意味着该产区在其他方面一直被忽视。确实，该产区有很多专攻高端市场的酒商，但也不乏非常有想法且值得关注的酿酒师，他们能为你提供性价比高的葡萄酒。恬宁（Triennes）酒庄隶属法国知名生产商杜雅克（Dujac）酒庄，该酒庄葡萄酒的价格一般为每瓶 16~19 美元。庞普洛纳（Pampelonne）酒庄的酒价格也差不多。我最爱的高端桃红葡萄酒产自邦多勒产区的丹派（Tempier）酒庄，它果味浓郁且口感层次丰富。

相较而言，丹派酒庄的邦多勒红葡萄酒更具个性。普罗旺斯的大多数红葡萄酒香气浓郁但酒体轻盈，是因为它主要由慕合怀特葡萄酿造而成。用这种葡萄酿的酒口感层次丰富，且带有烟熏味（类似于培根的味道）。邦多勒红葡萄酒就是用慕合怀特和其他葡萄混酿而成的，陈化后其品质会大幅度提升，冰镇后很适合与鱼类搭配。

普罗旺斯的葡萄酒有着令人惊叹的多样性。你如果来到位于罗讷河三角洲、风景如画的莱博镇，一定要去铁瓦龙（Trévallon）酒庄看看。该酒庄的酒价格不低，但绝不会让你失望。你的预算有限？那你可以尝尝苏拉兹（Sulauze）酒庄的友人红葡萄酒，这是一款很棒的自然酒，每瓶仅售 20 多美元。

意大利

➡ 意大利人比其他任何国家的人都更懂得如何推销自己的生活方式和情感，而不局限于推销葡萄酒。

你可能认为意大利只有普洛塞克起泡酒、灰皮诺白葡萄酒和基安蒂酒，其实在这个幅员辽阔、葡萄酒种类丰富的国家，有许多不出名的本土葡萄。这里有 350 个以上的葡萄品种获得了意大利官方认证，另外还有 500 多个葡萄品种已被列入统计。20 世纪八九十年代，意大利酿酒师们因想参与全球葡萄酒市场的竞争而纷纷放弃种植本土的葡萄，转而种植酿出的酒销量更高的赤霞珠等葡萄。这些酿酒师的接班人现在试图恢复当地的传统秩序，重新种植意大利本土的葡萄。意大利的葡萄酒和意大利的食物一样，风格和味道都非常具有地方特色，所以品尝它们是一场非常奇妙的探索之旅。

没有哪个国家的葡萄品种比意大利的更丰富，但发现它们需要消耗大量的耐心与时间。古罗马人将酿造葡萄酒的技艺传播到整个欧洲，从古罗马时代开始，这些葡萄就已经融入意大利各个省份的文化。意大利拥有皮埃蒙特和托斯卡纳这两个最著名的产区，这两个产区出产了许多世界知名的葡萄酒，如巴罗洛红葡萄酒、巴巴莱斯科红葡萄酒、布鲁奈罗蒙塔希诺红葡萄酒和超级托斯卡纳葡萄酒等，而且意大利几乎每家餐厅的自酿葡萄酒都能令我满意。在意大利，最重要的就是去探索那些不太知名的葡萄品种！

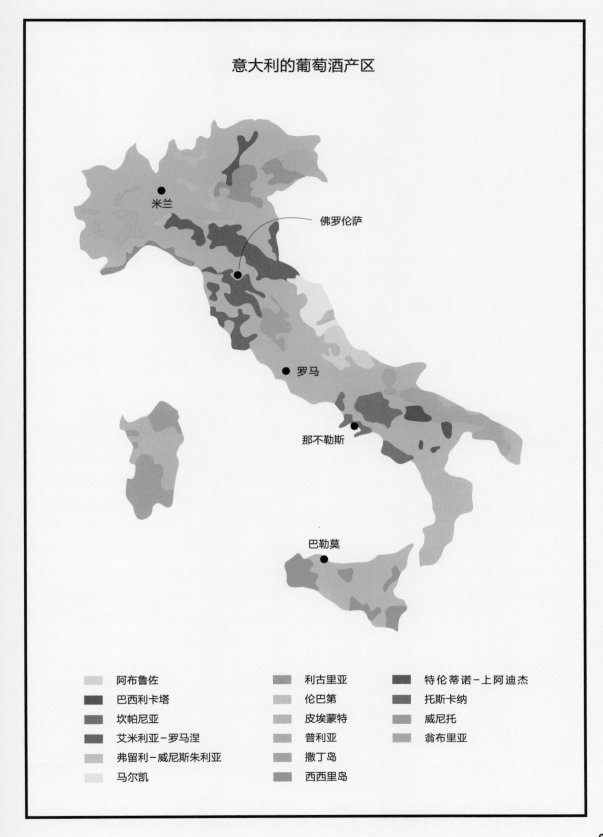

意大利的葡萄酒产区

米兰

佛罗伦萨

罗马

那不勒斯

巴勒莫

阿布鲁佐	利古里亚	特伦蒂诺－上阿迪杰
巴西利卡塔	伦巴第	托斯卡纳
坎帕尼亚	皮埃蒙特	威尼托
艾米利亚－罗马涅	普利亚	翁布里亚
弗留利－威尼斯朱利亚	撒丁岛	
马尔凯	西西里岛	

● 坎帕尼亚

→ **红葡萄酒** | **白葡萄酒**
艾格尼科 | 格雷克、菲亚诺

该产区盛产酸度较高、口感清爽的白葡萄酒和口感层次丰富、具有陈化潜力的红葡萄酒。

你可能觉得，坎帕尼亚地处"靴子"①胫部，天气炎热，出产的酒一定偏甜，但由于那不勒斯东部的山区海拔较高，所以该产区也出产一些酸度较高且口感清爽的白葡萄酒。我很喜欢这里的奇罗·皮卡列洛（Ciro Picariello）酒庄的阿韦利诺菲亚诺（Fiano di Avellino）白葡萄酒。另外，该产区有些酒体饱满、口感层次丰富的红葡萄酒我也很喜欢。答应我，你一定要尝尝图拉斯红葡萄酒，这是一种用艾格尼科酿成的红葡萄酒，它被称为"意大利南部的内比奥罗红葡萄酒"。总之，我很喜欢该产区的酒。

● 弗留利–威尼斯朱利亚

→ **红葡萄酒** | **白葡萄酒**
莱弗斯科、梅洛 | 丽波拉、长相思、灰皮诺、弗留利

该产区的白葡萄酒和自然酒品质很好。

弗留利–威尼斯朱利亚产区位于威尼斯北部，与奥地利和斯洛文尼亚接壤，是一个酿酒技术比较先进的产区。尽管除了灰皮诺白葡萄酒，意大利有名的白葡萄酒似乎不多，但该产区的白葡萄酒品质极佳。该产区的气候为温带大陆性气候，日温差较大，因此该产区的葡萄酒风味独特、口感清爽，而且，由于这些酒在橡木桶中发酵，所以风味非常丰富。此外，该产区盛产自然酒和浸皮白葡萄酒，在很大程度上推动了意大利的自然酒运动。该产区的红葡萄酒，尤其是莱弗斯科红葡萄酒，易饮且果味浓郁。这里的橙酒市场也在不断繁荣发展。还有一点很有趣，由于弗留利–威尼斯朱利亚产区和斯洛文尼亚的交界处有许多葡萄园，所以两地一直以来都在进行良好的葡萄酒文化交流。

● 伦巴第

→ **红葡萄酒** | **白葡萄酒**
查万纳斯卡（内比奥罗的别称） | 白皮诺、灰皮诺、霞多丽

盛产香气奔放的红葡萄酒与昂贵的起泡酒。

对我而言，该产区最有意思的子产区是瓦尔泰利纳产区，它位于伦巴第产区最北部陡峭的高山山谷，那里的葡萄种植在南坡上，吹着来自南方的温暖的风。这里种植的内比奥罗葡萄被称为"查万纳斯卡"，用它酿的酒很适合搭配该地区的冷盘。这里的格鲁梅洛（Grumello）酒庄、因费诺（Inferno）酒庄、萨塞拉（Sassella）酒庄的超级瓦尔泰利纳（Valtellina Superiore）红葡萄酒酒体结构性强，风味集中，且相当实惠。此外，意大利备受瞩目的、盛产起泡酒的弗朗齐亚柯达产区也位于伦巴第产区，其起泡酒是用霞多丽、黑皮诺和白皮诺混酿的，质量可媲美香槟酒，而且它和香槟酒同样昂贵。

---

① "靴子"：意大利在世界地图上的形状看上去很像长靴，所以此处的靴子指意大利。——译者注

⬤ 皮埃蒙特

红葡萄酒	白葡萄酒
→ 内比奥罗、巴贝拉、多姿桃	莫斯卡托（麝香）、柯蒂斯

这里是巴罗洛红葡萄酒和巴巴莱斯科红葡萄酒，以及白松露的产地。

皮埃蒙特位于意大利西北部，这里的许多葡萄酒在意大利都非常有名。最有名的两款葡萄酒是用内比奥罗为原料酿造的巴罗洛红葡萄酒和巴巴莱斯科红葡萄酒，两者的口感都很强劲。经科学研究证明，用内比奥罗酿的红葡萄酒是所有葡萄酒中芳香族化合物含量最高的，酒中有樱桃、草莓、柏油、鲜花、蘑菇和土壤的味道，而且陈化后更有魅力。（事实上，最好不要过早地喝它们，因为这些酒年轻时单宁的味道比较重。）这是需要你慢慢品尝、细细回味的酒，它们适合搭配丰盛的大餐，秋天时还可以搭配当地有名的白松露。

巴罗洛红葡萄酒和巴巴莱斯科红葡萄酒品质极佳，价格很高。如果你想探索一番，可以从比它们低一个级别的阿尔巴内比奥罗（nebbiolo d'Alba）红葡萄酒开始，这是巴罗洛产区被降级的年轻的酒。

我经常去位于皮埃蒙特北部、米兰西北部的盖梅产区和加蒂纳拉产区购买葡萄酒。皮埃蒙特的内比奥罗红葡萄酒酒体轻盈，但风味丝毫不少。而且，因为没有很多葡萄酒收藏者收藏这里的酒，所以这里的酒容易购买，而且价格较低。你可以尝尝特拉瓦利尼（Travaglini）酒庄那些瓶身造型独特的葡萄酒，也可以尝尝产自坎塔卢波酒庄、瓦纳拉酒庄和斯佩诺（Sperino）酒庄的葡萄酒，它们的陈化表现都不错，而且价格很合理。

皮埃蒙特还有一个葡萄品种叫巴贝拉，用它酿的酒也博得了很多人的关注。我很喜欢这款酒的深色水果味和樱桃味，以及它醇厚的质地，这款酒有时会在橡木桶中发酵，味道也很好。

多姿桃红葡萄酒简单易饮，是该产区的酒中最适合日常饮用的一款，很适合搭配萨拉米香肠或帕玛森干酪。

谈及皮埃蒙特，有一个地方不得不提，那就是阿斯蒂小镇，这里的阿斯蒂起泡酒（Asti Spumante）易饮且果味浓郁，我最爱用它搭配成熟的草莓，但记住不要把草莓放在酒里！（香槟酒就留到特殊场合喝吧……）

⬤ 普利亚

红葡萄酒
→ 普里米蒂沃、黑曼罗

该产区的葡萄酒酒体饱满，而且价格合理。

过去，该产区出产浓缩葡萄汁，而依照法律，其他产区的酿酒师如果在酿酒时需要补液，就必须使用这些浓缩葡萄汁，尽管这些酿酒师持反对意见。想要酿造果味浓郁的葡萄酒，就必须使用普利亚产区的葡萄汁，即使是托斯卡纳产区的经典基安蒂酒也不例外。几十年来，这个贫穷的产区获得了欧盟的大量补贴，并取得了一些成就（不仅在酿酒方面）。该产区的气候非常温暖，这意味着该产区的葡萄酒酒体饱满。尽管该产区的经营模式有些商业化，但这里的酒庄对那些预算较少的人而言依然非常友好。

● 西西里岛

→ **红葡萄酒** | **白葡萄酒**
弗莱帕托、黑珍 | 格里洛、卡塔拉
珠、马斯卡斯奈 | 托、格来卡尼科、
莱洛 | 泽比波

这里的酒种类繁多，很难归类，很多酒都非常实惠。

我喜欢西西里岛的葡萄酒，因为它们非常实惠，而且易于搭配食物。这个阳光充足的南部岛屿盛产多种葡萄酒，这在很大程度上归功于该产区类型众多的小气候。这里的海风不仅能给葡萄降温（防止它们被太阳晒干），还有助于抑制真菌的生长。由于该产区的葡萄园大多坐落于埃特纳火山高处的山坡，而气温随着海拔的升高而降低，所以该产区的葡萄成熟较慢，含糖量较低，酸度较高，再加上该产区的土壤为火山土，因此该产区的葡萄酒既浓烈又优雅。

西西里岛有一些很有意思的葡萄酒，它们被放在细颈酒罐中陈化。马尔科·德巴尔托利酿造了一些酒液澄澈、风格优雅的葡萄酒。（他是为数不多的会清洗细颈酒罐的酿酒师之一，毫不夸张地说，这样的酿酒师真的很少见。）除了格里洛白葡萄酒，最有名的就是他酿造的马沙拉酒。另外，你可以尝尝当地的朱斯托·奥基平蒂酒庄用与意大利的双耳细颈黏土酒罐一样古老的希腊广口陶瓷坛作为发酵容器酿的酒。黑土（Terre Nere）酒庄的许多酿酒师非常勇敢，他们在埃特纳火山上酿造了许多味美的单一园葡萄酒。要知道，这可是一座活火山！

1773年，英国商人约翰·伍德豪斯来到西西里岛，当时他正在寻找雪莉酒的平价替代品。最终，他通过在当地的葡萄酒中添加酒精，得到了马沙拉酒。

● 特伦蒂诺－上阿迪杰

→ **红葡萄酒** | **白葡萄酒**
特洛迪歌、勒格 | 白皮诺、长相思、
瑞、司棋亚娃、 | 诺西奥拉
黑皮诺 |

你可以在特伦蒂诺产区买到优质的红葡萄酒，在上阿迪杰产区买到意大利最好的白葡萄酒和黑皮诺红葡萄酒。

受阿尔卑斯山的影响，意大利北部的这两个产区光照时间充足，葡萄的成熟期较短，且夜晚气温较低，昼夜温差大，因此这两个产区的葡萄风味丰富。

特伦蒂诺产区的红葡萄酒口感强劲，一般采用当地的特洛迪歌红葡萄和诺西奥拉白葡萄混酿而成。当地的起泡酒生产商法拉利·特伦托酒庄也很有名。（酒庄的名字与汽车制造商无关！）白皮诺白葡萄酒和司棋亚娃红葡萄酒是特伦蒂诺产区的两款主打酒，它们风格优雅，简单易饮，适合搭配各种食物。

在更靠北的上阿迪杰产区，葡萄酒品种众多，你如果愿意，每一餐都能喝到不同品种的葡萄酒。该产区尤其是阿迪杰河东岸的白皮诺白葡萄酒品质极佳。该产区的勒格瑞红葡萄酒风味丰富、口感强劲，与梅洛红葡萄酒很像。另外，塔明镇的琼瑶浆白葡萄酒味道非常棒。用琼瑶浆酿酒对酿酒师来说是个挑战：它的种植难度较高，产量较低；它的单宁含量较高；它的果皮较厚，香气较淡；用它酿的酒酒精度较高，很容易使人醉倒；最重要的是它每一年的风味都不相同。但随着时间的推移，该产区的酿酒师已经驯服了它，能用它酿出优质的白葡萄酒。

另外，上阿迪杰产区受到奥地利施蒂里亚产区的影响，也出产一些品质上乘的长相思白葡萄酒，它们非常值得一尝！

● 托斯卡纳

→ **红葡萄酒**
桑娇维塞、黑卡内奥罗、赤霞珠、梅洛

白葡萄酒
特雷比奥罗

该产区的红葡萄酒价格高昂、口感强劲、知名度极高，而且该产区有一些惊喜在等你发现。

去托斯卡纳旅行可能是很多人的心愿，不仅因为这里的食物非常可口，也因为这里的基安蒂酒非常有名。桑娇维塞是酿造基安蒂酒的主要原料，用桑娇维塞、黑卡内奥罗和特雷比奥罗混酿的基安蒂酒口感清爽。20 世纪 80 年代，该产区的酿酒师用桑娇维塞、赤霞珠和梅洛混酿的基安蒂酒口感强劲、层次丰富。20 世纪 90 年代，该产区的酿酒师开始使用橡木桶，因此该产区的基安蒂酒更畅销，但它们失去了地域特色。

现在，有一些酒庄仍坚持使用传统酿造工艺。你可以尝尝经典基安蒂产区的蒙特贝汀讷酒庄的皮安希安博拉干红葡萄酒。蒙特拉波尼（Monteraponi）酒庄的葡萄酒性价比高，风格优雅，非常适合搭配美食，也值得一尝。另外，你可以尝尝经典基安蒂产区的费尔西纳酒庄的葡萄酒和鲁菲纳产区的塞尔韦帕娜（Fattoria Selvapiana）酒庄的葡萄酒。

托斯卡纳的布鲁奈罗蒙塔希诺（Brunello di Montalcino）葡萄酒极富盛名。"布鲁奈罗"是托斯卡纳当地人对桑娇维塞的称呼。这种酒风味浓郁，非常适合搭配食物。索得拉（Soldera）酒庄和卡萨诺瓦（Casanuova）酒庄的布鲁奈罗蒙塔希诺葡萄酒品质极佳，但它们价格较高。我建议你先购买这两个酒庄里比它们低一个等级的酒，比如蒙塔希诺干红葡萄酒（Rosso di Montalcino）。你如果想奢侈一把，可以拿一瓶布鲁奈罗蒙塔希诺葡萄酒去参加派对，或者在家开一瓶，用它搭配牛排。

离这里不远的地区种植着另一种名为"蒙特布查诺"的葡萄，用它酿的高贵蒙特布查诺葡萄酒（vino nobile di Montepulciano）也非常有名。我依旧建议你先购买比它低一级的蒙特布查诺干红葡萄酒（Rosso di Montepulciano），再购买它。

托斯卡纳海岸的保格利小镇最有名的酒是西施佳雅葡萄酒。这些酒在 20 世纪 60 年代正式上市，并逐渐成为超级托斯卡纳葡萄酒的代表。之后，越来越多的酒庄开始种植赤霞珠、梅洛、西拉和品丽珠，用这些常见的葡萄打造口感强劲、价格高昂的橡木桶陈年葡萄酒。对我而言，大多数超级托斯卡纳葡萄酒都过于市场化，但不可否认，它们确实很受欢迎。

● 威尼托

→ **红葡萄酒**
科维纳、莫利纳拉、罗蒂内拉

白葡萄酒
歌蕾拉、灰皮诺

该产区盛产普洛赛克起泡酒和灰皮诺白葡萄酒，偶尔出产几款很有意思的阿玛罗尼葡萄酒。

大家熟知的《罗密欧与朱丽叶》中的故事就发生在威尼托辖区内的维罗纳附近，该产区最有名的酒是酒体轻盈、非常易饮的普洛赛克起泡酒。

DOC 级的瓦坡里切拉红葡萄酒来自该产区，它几乎能与所有的基础意大利菜搭配。它的味道与口感强劲的阿玛罗尼葡萄酒相似。（如果你想在意大利买一款纳帕谷赤霞珠红葡萄酒的平价替代品，那么瓦坡里切拉红葡萄酒就是最佳选择。尽管味道有差异，但二者的风味都很集中。）

威尼托产区是意大利最大的商业化灰皮诺白葡萄酒产区。该产区的灰皮诺白葡萄酒单宁柔和，易饮，风味稀薄，甚至像被稀释过。商家的营销手段可能很完美，但这款酒在酒杯中的呈现往往不尽如人意。

西班牙

➡ 这里有许多年轻的酿酒师正在满怀激情地寻找古老的、几乎绝迹的葡萄品种， 他们试图为老藤葡萄、废弃的葡萄园以及某些产区注入新的活力，使它们恢复往日的风采。

按照平均产量来讲，西班牙是最大的葡萄酒出产国。不过，这里大部分的葡萄酒都被蒸馏成葡萄白兰地，所以西班牙的葡萄酒总产量落后于法国和意大利。

西班牙的地理环境复杂多样。从气候方面来讲，西班牙中部的马德里白天炎热，夜晚凉爽，昼夜温差大；位于大西洋沿岸的加利西亚则相对湿冷。从土壤类型和地形方面来讲，西班牙的安达卢西亚有白黏土和石灰岩土壤，加那利群岛有陡峭的火山斜坡。这使得西班牙拥有种类繁多、风味丰富的葡萄，也意味着这里有许多令人愉悦的酒等你来发现。对我们这些消费者

来说，最棒的是这里的酒性价比高到不可思议。西班牙的许多产区酿酒风格比较传统，比如里奥哈产区、佩内德斯产区、赫雷斯产区和杜埃罗河岸产区。但最吸引我的是西班牙正在发生的巨大转变。新一代的酿酒师正在尝试酿造一些非常有意思且价格合理的酒。日常聊天时，我经常提到伊比利亚半岛的一些比较新的、对我而言比较陌生的葡萄酒、葡萄品种或产区，时间久了我的员工都学会了拿这一点和我开玩笑。但我真的无法做到不提及它们，因为西班牙的葡萄酒魅力实在太大了。

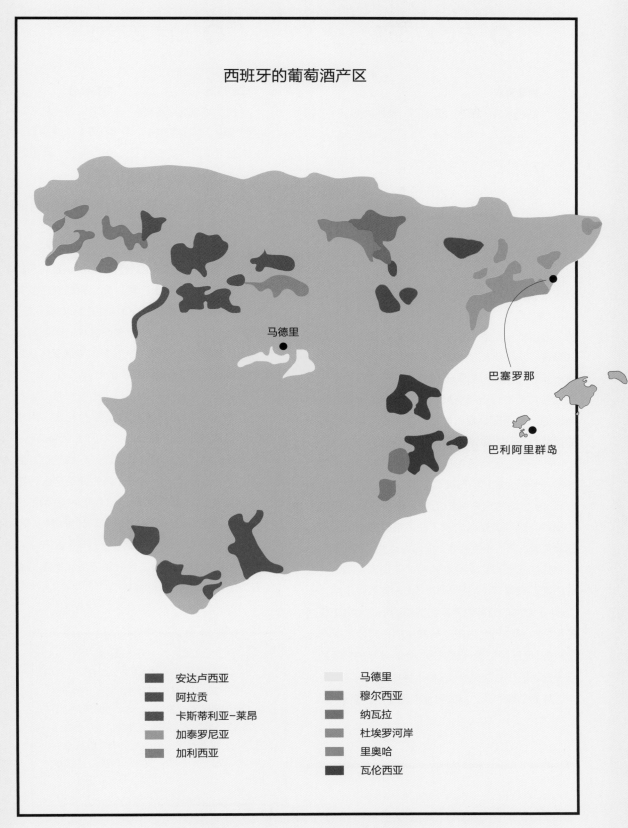

西班牙的葡萄酒产区

马德里

巴塞罗那

巴利阿里群岛

■ 安达卢西亚		■ 马德里	
■ 阿拉贡		■ 穆尔西亚	
■ 卡斯蒂利亚-莱昂		■ 纳瓦拉	
■ 加泰罗尼亚		■ 杜埃罗河岸	
■ 加利西亚		■ 里奥哈	
■ 瓦伦西亚			

● 安达卢西亚

→ **白葡萄酒**
帕洛米洛–菲诺、佩德罗–希梅内斯

该产区有许多品质极佳的白葡萄酒，充分展现了西班牙葡萄酒新的可能性。

安达卢西亚产区加的斯海港附近的土壤是一种极其引人注目的白色石灰土，这里非常适合种植帕洛米洛–菲诺——一种用来酿造雪莉酒的白葡萄。来自地中海的、炎热干燥的黎凡特风和来自大西洋的、潮湿的波尼恩特风在这里交汇，调节了该地区的温度，从而平衡了该产区葡萄的甜度和酸度，并进一步塑造了该产区葡萄的特点。菲诺雪莉酒和曼萨尼亚雪莉酒都带有坚果味和香料味，很适合搭配当地的伊比利亚火腿和橄榄。你如果喜欢颜色较深的葡萄酒，不妨尝尝陈年欧罗索雪莉酒。

近年来，该产区也在发生变化，酿酒师们尝试酿造一些不会氧化的白葡萄酒（如雪莉酒），并试图回顾19世纪的葡萄种植历史，种植那些几乎消失的品种。这种改变也成就了许多带有柑橘味的干型白葡萄酒，它们不太易饮，而且有点儿"神经质"，但它们的品质堪比勃艮第的霞多丽白葡萄酒。在葡萄酒吧，我推荐你尝尝阿尔韦托·奥尔特（Alberto Orte）酒庄的亚特兰蒂斯白葡萄酒，这款白葡萄酒是用一种濒临灭绝的白葡萄酿成的，且价格非常合理。该产区还种植着一种名为维哈利埃格的白葡萄，它一般种植在石灰土中，这种土壤能使它长势较好，用这种葡萄酿的酒，品质可媲美勃艮第白葡萄酒。

---

① DO级：根据西班牙的葡萄酒分级制度，DO级葡萄酒指原产地命名葡萄酒。——编者注

● 加泰罗尼亚

→ **红葡萄酒**	**白葡萄酒**
丹魄、格那希（别名歌海娜、加尔纳恰）、卡丽浓（别名佳丽酿）	马卡贝奥（别名维奥娜）、沙雷洛、帕雷亚达、霞多丽

该产区有产量极高的卡瓦起泡酒，还有一些风格独特的红葡萄酒。

加泰罗尼亚产区位于西班牙东北部，最有名的酒是卡瓦起泡酒。（由于产量过高，有些酒庄放弃为其酿造的卡瓦起泡酒申请DO级①或DOC级认证，仅在酒标上印"起泡酒"。）该产区酿造卡瓦起泡酒的主要原料是马卡贝奥、沙雷洛和帕雷亚达，但也有一些酿酒师用霞多丽和黑皮诺酿造。

该产区的子产区——普里奥拉托产区地形陡峭，以出产口感强劲、酒精度高的葡萄酒闻名，用格那希酿的酒尤其如此。尝一口极限风土（Terroir al Limit）酒庄的酒，你就明白该产区在自我定位方面有多努力了。另一个子产区——佩内德斯产区种植着一些稀有的白苏莫尔葡萄，但目前种植面积仅为12英亩（约为48562平方米）。赫里塔特·蒙特鲁比（Heretat MontRubí）酒庄一年只出产900瓶白苏莫尔葡萄酒，该酒庄是西班牙新风格葡萄酒庄的典型代表。

超棒的起泡酒

佩内德斯产区位于巴塞罗那附近，是西班牙主要的起泡酒产区之一。莱文多斯酒庄的酿酒师佩佩·莱文多斯酿的酒物美价廉。他非常有胆识，没有按照人们熟知的DO级起泡酒的标准来酿酒，而对自己酿的酒提出了更高的要求。

热门产区：加那利群岛

加那利群岛的热门程度毋庸置疑，这里的酒带有独特的火山土的味道，尤其受那些喜欢荒岛葡萄酒的人的追捧。加那利群岛曾因向游客推销劣质酒而臭名远扬，但近年来，这里涌现了葡涤酒庄等许多新式酒庄，它们取代了之前那些装潢过于奢华且酿酒步骤过于烦琐的老式葡萄园。（感兴趣的话，你可以上网搜索"加那利群岛的葡萄园"，它们非常原生态，你甚至认不出那是葡萄园！）这些新式酒庄的酒品质极佳，一般以白丽诗丹和黑丽诗丹两种葡萄作为主要的酿酒原料，再加入一些小众的葡萄混酿。此外，你可以尝尝胡安·弗朗西斯科·法里尼亚酒庄的葡萄酒。

⬤ 加利西亚

红葡萄酒	白葡萄酒
→ 门西亚	阿尔巴利诺、格德约、白夫人

该产区有许多非常有意思，但价值被低估的（传统风格）葡萄酒。

加利西亚产区位于西班牙西北部，已成为西班牙的热门葡萄酒产区之一，至少对新一代的酿酒师来说是这样。该产区的子产区下海湾产区最出名的葡萄是阿尔巴利诺。下海湾产区位于大西洋沿岸，葡萄园的土壤类型主要为花岗岩土壤。这里的葡萄酒口感爽脆，余味中有一丝咸鲜味，就像大海的味道。生长在内陆的阿尔巴利诺和生长在沿海的阿尔巴利诺有很大的区别。你可以找找那些酒标上印有"酒泥陈酿"的葡萄酒，这种酒与酒泥接触的时间较长。该产区的阿尔巴利诺白葡萄酒口感强劲、果味浓郁，与我们在超市买的酒体轻盈的阿尔巴利诺白葡萄酒不同。你如果想购买一款勃艮第白葡萄酒（如普里尼–蒙哈榭产区或默尔索产区的酒）的平价替代品，可以选择用格德约或白夫人作为主要原料酿的混酿白葡萄酒。

该产区的门西亚葡萄正面临着酿酒观念的转变：这种葡萄曾以颜色较浅、略带草本植物味（与品丽珠很像）的特点而闻名，而现在的酿酒师用它酿出了风格多样且价值极高的酒。巴尔德奥拉斯产区的酒尝起来有点儿像博若莱的酒，萨克拉河岸产区的酒能让人联想到北罗讷河谷的酒，而那些来自下海湾产区的酒则有些青涩。劳尔·佩雷斯是该产区最具影响力的酿酒师，你可以品尝一下他酿的这几款酒：萨克拉河岸产区的卡斯特罗坎达斯门西亚（Castro Candaz Mencía）红葡萄酒；比埃尔索产区的阿特拉圣雅克（Ultreia Saint Jacques）红葡萄酒；较高端的阿特拉瓦图伊（Ultreia de Valtuille）干红葡萄酒，这款酒与众不同，它在酿造过程中，表面会自然形成一层由天然酵母菌构成的酒花。

● 杜埃罗河岸

→ **红葡萄酒**
丹魄（别名菲诺、红多罗）

高端的传统产区，出产酒体饱满、味道浓郁、风味丰富的红葡萄酒。

顾名思义，该产区的酒庄沿杜埃罗河及其支流分布，西班牙最有名的贝加西西里亚酒庄就在该产区。该产区位于伊比利亚半岛北部的高地，虽然气候较温暖，但受高海拔的影响，夜晚气温较低。较大的昼夜温差赋予了该产区葡萄酒宏大的酒体，强劲、集中、明快的口感和精致的风味。该产区的红葡萄酒颜色较深。

该产区附近的托罗产区的酒口感强劲，价格较低；伊比利亚半岛新一代酿酒势力的崛起，也在逐渐改变西班牙葡萄酒市场的格局。因此，目前该产区面临着严峻的挑战。

寻酒启示

你如果能找到来自加利西亚萨克拉河岸产区的恩维纳特酒庄的酒，一定要尝一尝它们。该酒庄是目前西班牙最火的葡萄酒酒庄之一，这里出产的葡萄酒通常还未进入美国市场就卖光了。（所以你一定要和进口商搞好关系！）该酒庄的葡萄种植在不同的小块土地中，生长过程中不使用杀虫剂，成熟时采用纯手工方式采摘。此外，该酒庄力求减少对酒窖中的葡萄酒的人工干预，仅仅偶尔添加少量亚硫酸盐。目前该酒庄备受人们赞扬，获得了很高的评价。

● 里奥哈

→ **红葡萄酒** | **白葡萄酒**
丹魄、歌海娜 | 维奥娜（别名马卡贝奥）

该产区盛产在橡木桶中陈化的红葡萄酒。等等？这不是波尔多产区的特色吗？没错，两地关联颇深。

经典的里奥哈红葡萄酒在西班牙的地位与波尔多红葡萄酒在法国的地位和巴罗洛红葡萄酒在意大利的地位差不多。里奥哈红葡萄酒一般由丹魄和歌海娜这两种葡萄混酿而成，这两种葡萄果味较突出，能赋予葡萄酒更高的酸度，从而提高葡萄酒的陈化潜力。（几百年前，该产区的酿酒师从波尔多产区引进了这种历史悠久的传统工艺。）此外，该产区的酿酒师大量使用美国橡木，从而使葡萄酒带有独特的香草味。大多数里奥哈红葡萄酒需要陈化一定的时间以使单宁柔化，这些酒根据陈化时间从短到长依次分为佳酿级葡萄酒、珍藏级葡萄酒和特级珍藏级葡萄酒，当然，陈化时间越长，酒的价格就越高。不过，你可以在洛佩兹雷迪亚（R. López de Heredia）酒庄和佩西尼亚兄弟（Bodegas Hermanos Peciña）酒庄买到几款有意思且价格合适的里奥哈葡萄酒。你可以做一次品酒实验，尝一尝佳酿级、珍藏级和特级珍藏级的葡萄酒，感受一下陈化时间对葡萄酒的影响。除此之外，你可以在该产区买到风格多样的维奥娜白葡萄酒，它们既有口感清新的，也有橡木味较重的。

西班牙酿酒葡萄大盘点

我们似乎都认准了自己习惯喝的某种类型的葡萄酒，这是人的天性。然而，当你开始在你不太熟悉的产区寻找一些不太知名的葡萄酒时，我可以保证，你不仅可以得到丰厚的回报，而且可以节省很多钱。西班牙的葡萄品种实在太多了，你几乎无法收集所有类型的葡萄酒，而且即使用同一种葡萄酿酒，也会因种植地的地形等的差异导致酿出的酒在风格上有很大的不同。接下来，我将介绍几种西班牙常见的酿酒葡萄。

● 阿尔巴利诺

葡萄酒的风格：柑橘味、口感清爽、略带草本植物味

在很多人眼中，阿尔巴利诺白葡萄酒就是超市里卖的廉价酒，但近年来，这种葡萄酒的质量大幅度提高。西班牙的阿尔巴利诺白葡萄酒，有的酒体宏大且很有质感，有的酒体轻盈，有的口感激爽、酸度高、带有矿物味，有的风味凝练且带有一丝恰到好处的咸味。你可以尝尝福尔热·德尔萨尔纳（Forjas del Salnes）酒庄的和南克拉雷斯（Nanclares y Prieto）酒庄的阿尔巴利诺干白葡萄酒，也可以尝尝劳尔·佩雷斯酿的阿特利尔（Atalier）系列葡萄酒和高端的斯凯奇干白葡萄酒。

● 加尔纳恰

葡萄酒的风格：红色水果味、单宁细腻、结构平衡

加尔纳恰酸度较高，用它酿的酒适合陈化。加尔纳恰葡萄酒口感纯净、活泼，接近黑皮诺红葡萄酒。科学小飞侠（Comando G）酒庄位于马德里西部的格雷多斯山区，这里气候凉爽，出产多款加尔纳恰葡萄酒。该酒庄的"女巫之靴"（La Bruja de Rozas）是一款每瓶仅售 21 美元的佳酿。你可以持续关注格雷多斯山区的其他酒庄，这里很快就会涌现一些各具特色的葡萄酒。

● 格德约

葡萄酒的风格：柑橘味、风味凝练、青苹果味

这种白葡萄只生长在加利西亚地区，该地区的板岩土壤与黏土土壤尤其适合它生长。采用不同的酿酒方式酿的格德约白葡萄酒风格不同：有的尝起来像雷司令白葡萄酒，有的酒味道接近普里尼-蒙哈榭产区的霞多丽白葡萄酒。大多数的格德约白葡萄酒产自瓦尔德奥拉斯产区。你可以尝一尝拉斐尔·帕拉西奥斯（Rafael Palacios）酒庄的格德约干白葡萄酒。

● 白夫人

葡萄酒的风格：苦杏仁味、口感丝滑、酒体适中

白夫人的香气并不突出，经常与格德约混酿。过去，白夫人主要用于酿造各种蒸馏酒；而如今，白夫人白葡萄酒逐渐流行起来。白夫人白葡萄酒年轻时风味闭塞，所以它至少需要陈化三年，才能真正展现魅力。

● 门西亚

葡萄酒的风格：深色水果味、香料味、咸味

用门西亚能酿出风格各异的葡萄酒，它是一种非常神奇的酿酒葡萄。门西亚葡萄酒适合搭配多种菜肴。

● 丹魄

葡萄酒的风格：果味浓郁、口感清爽、单宁柔和

丹魄是西班牙最有名的酿酒葡萄。它非常受欢迎，尤其是在里奥哈产区，当地一般将其与加尔纳恰、格拉西亚诺和马士罗（佳丽酿）混酿。里奥哈葡萄酒的美妙之处在于你可以用很少的钱买到陈年佳酿。但话虽如此，等其他地区的人发现这里的好酒之后，它们的价格就没这么低了。

● 特雷萨杜拉

葡萄酒的风格：活泼、口感激爽、矿物味

这是一种非常有趣的白葡萄，用它酿的酒明快、活泼，酸度较高，带有矿物味。对一些人来说，喝它具有一定的挑战性，且非常有趣。河岸产区的罗德里格斯（Rodriguez）酒庄的酿酒师路易斯·罗德里格斯是一位谦逊的先驱者，他擅长酿制特雷萨杜拉白葡萄酒。有机会的话，你一定要尝一尝。

葡萄牙

➜ 在我心里，葡萄牙是一位正在沉睡的酿酒大师。

在我心中，葡萄牙的葡萄酒的地位仅次于西班牙的葡萄酒。杜罗河产区——波特酒的原产地——的各个子产区的气候、海拔相差很大，因此造就了一些品质极佳的红葡萄酒和白葡萄酒，如多瑞加红葡萄酒和多瑞加弗兰卡红葡萄酒，以及拉比加多白葡萄酒和古维欧白葡萄酒。由于目前干型葡萄酒非常流行，波特酒呈现出了衰退态势，越来越多的酿酒师转而酿造干白或干红葡萄酒。原本一直奉行传统酿酒工艺的尼伯特（Niepoort）酒庄便是一个很好的例子，现在该酒庄的酿酒风格在逐渐转变。杜罗河产区有一位后起之秀——路易斯·塞亚夫拉，他坚持在酿酒过程中尽可能地减少人工干预，以使杜罗河地区绝佳的风土特征在酒中呈现。

除了杜罗河产区，绿酒产区也在转变：从酿造半干型白葡萄起泡酒转而酿造单一园白葡萄酒。酒中仍然保留着标志性的小气泡，但更多地体现出片岩土壤和花岗岩土壤的特征。该产区的酒真的非常适合夏天饮用！你可以关注百拉达产区的巴加红葡萄酒，它的单宁含量较高，这一点与内比奥罗红葡萄酒非常相似。

杜奥产区位于山谷之间，我认为它是葡萄牙最有趣的产区。当地的葡萄品种珍拿（门西亚在葡萄牙的别名）有点儿像法国北罗讷河谷产区的西拉。杜奥产区的酒普遍比较精致，阿连特茹产区的酒则相反，它们更加易饮，且风味更丰富，搭配炖菜简直是一绝！阿连特茹产区出产过很多使用双耳细颈黏土酒罐酿的葡萄酒。既然提到阿连特茹产区，那就有必要再提一下绿酒产区，因为它是葡萄牙的第二大产区，仅次于阿连特茹产区。上文我们提到，绿酒产区正在从出产平价葡萄酒的产区转型为出产单一园白葡萄酒的产区，该产区的酿酒风格十分独特。

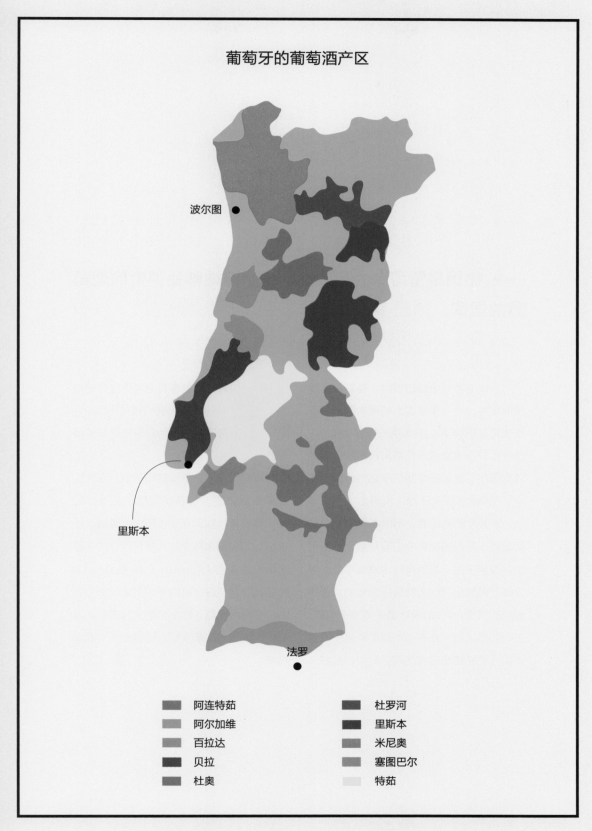

葡萄牙的葡萄酒产区

波尔图 ●

里斯本

法罗
●

▬ 阿连特茹		▬ 杜罗河
▬ 阿尔加维		▬ 里斯本
▬ 百拉达		▬ 米尼奥
▬ 贝拉		▬ 塞图巴尔
▬ 杜奥		▬ 特茹

德 国

→ 德国是雷司令的起源地，一个遍地都是神奇的葡萄酒的国家。 德国多样的气候条件和土壤条件造就了许多品质极佳、令人赞叹不已的美酒。

德国的葡萄酒以口感鲜明且富有层次感而闻名。这主要是因为德国的酿酒师不论使用不锈钢酒罐还是传统的橡木桶，不论在如同手术室般遍布高科技精密仪器的酒窖还是在地板已经残破不堪的传统酒窖中，他们总能保持干净、利落。

提到德国葡萄酒，不得不提雷司令白葡萄酒。德国的雷司令白葡萄酒，不论干型还是半干型，品质与纯净度都可谓世界之最，尤其是德国的特级园葡萄酒。根据德国的法律，特级园葡萄酒必须是干型的，它们品质极高，在德国的地位相当于波尔多的一级庄葡萄酒在法国的地位。现在，

美国市场流行略甜的雷司令半干型白葡萄酒，而欧洲市场流行雷司令干型白葡萄酒。这些流行趋势不可避免地影响着德国的葡萄酒行业。

我喜欢雷司令干型白葡萄酒，它们风味集中且丰富，带有矿物味和咸味。不过，我也喜欢雷司令半干型白葡萄酒，所以当我知道越来越多的人排斥略甜的雷司令珍藏葡萄酒（Kabinett style Rieslings）时，我非常惊讶。这种半干型葡萄酒非常适合搭配泰国菜、寿司和韩式料理，而且它们的陈化表现非常好，价格也没有高到离谱。

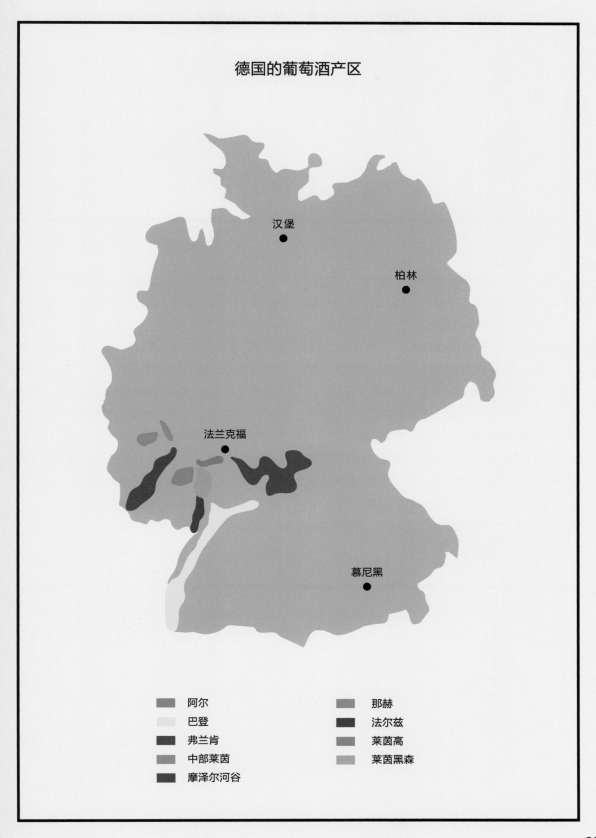

德国的葡萄酒产区

汉堡

柏林

法兰克福

慕尼黑

阿尔		那赫	
巴登		法尔兹	
弗兰肯		莱茵高	
中部莱茵		莱茵黑森	
摩泽尔河谷			

偏甜的晚收葡萄酒和精选葡萄酒似乎有些过时，我会收集 20 世纪七八十年代酿造的这些酒并待其陈化，因为随着陈化时间的增加，它们的甜度会降低，口感会变得更丰富，十分奇妙。

当然，德国不仅有雷司令，还有一种晚熟型的黑皮诺，它也叫"晚收勃艮第"，带有黑胡椒味，用它酿的酒非常值得一尝。黑皮诺红葡萄酒在德国有很长的酿造史，许多来自勃艮第伏旧园（Clos de Vougeot）的西多会修道士很久之前便开始在莱茵高的修道院中酿造黑皮诺红葡萄酒，如今，随着气候逐渐变暖，德国偏北的产区具有了一定的优势，尤其是弗兰肯、阿尔、莱茵高、法尔兹、莱茵黑森和巴登这几个产区。德国的黑皮诺红葡萄酒和法国的截然不同，这主要是因为两国的土壤结构不同。（德国的黑皮诺红葡萄酒带有烟熏味，有点儿像刚刚熄灭的壁炉散发出的味道，还带有一点儿黑胡椒味。）总而言之，这里的酒绝对值得一尝。你可以尝尝产自福斯特（Fürst）酒庄、凯勒（Keller）酒庄、贝内迪克特·巴尔特斯酒庄和克塞勒（August Kesseler）酒庄的酒。

为使本书简洁一些，我不会把每个产区都介绍一遍，但实际上德国有很多值得探索的地方。你千万不要被酒标上的长单词吓到！

● 摩泽尔河谷

→ **白葡萄酒**
雷司令

在德国北部的摩泽尔河谷产区，许多葡萄园坐落在地势陡峭的河岸上。虽然该产区气候寒冷，但陡峭的河岸使得阳光能够以绝佳的角度照射到葡萄藤上，使葡萄达到完美的成熟度，酿酒师可以用它们酿出品质极佳的雷司令白葡萄酒。

布雷默·卡尔蒙特（Bremmer Calmont）酒庄是该产区地形最陡峭的酒庄，坡度达到了65度。（作为爱登山的奥地利人，我认为登上这么陡的山真的非常困难！）该产区我最喜欢的两个酒庄是弗兰岑酒庄和施泰因酒庄。

摩泽尔河有两条支流，分别是鲁沃河和萨尔河。鲁沃河产区坐落着卡特奥斯特霍夫（Karthäusterhof）酒庄和翠绿（Maximin Grünhaus）酒庄，这两个酒庄堪称行业标杆；萨尔河产区的气候更寒冷，种植在此的酿酒葡萄酸度更高，因此酿酒师会在酿酒过程中加糖，使酒的口感变柔和。（随着气候逐渐变暖，该产区的酿酒师也通过长时间发酵来减少葡萄酒中的糖，使其更干。）你可以尝尝弗洛里安·劳尔酿的酒，它们略带矿物味，喝起来有些像芳香版的夏布利白葡萄酒。该产区的半干型和甜型葡萄酒的特点之一就是残糖含量高。

萨尔河产区还有一个特别之处：世界闻名的雷司令白葡萄酒生产商，也是沙兹堡园（Scharzhofberg）的部分所有者——伊贡·米勒（Egon Müller）酒庄就坐落于此。伊贡·米勒酒庄的雷司令白葡萄酒与其他雷司令白葡萄酒有所不同，庄主伊贡·米勒并没有顺应酿造干型葡萄酒这个流行趋势，而选择追随父亲的脚步，在酿酒过程中保留残糖。他酿造的

逐粒枯萄精选甜白葡萄酒比蒙哈榭干型白葡萄酒还贵，其陈化表现也更好。它是一款绝对会出现在所有资深葡萄酒爱好者的愿望清单上的酒，它的产量非常低，该酒庄每年仅生产100瓶左右。

● 那赫

→ **白葡萄酒**
雷司令

那赫产区虽然占地面积较小，但该产区非常出色的酒庄有很多，如杜荷夫酒庄、弗勒利希（Schäfer-Fröhlich）酒庄和马丁·特施（Martin Tesch）酒庄。该产区的葡萄酒既有摩泽尔产区雷司令白葡萄酒的辛辣口感，也有莱茵高产区葡萄酒的厚重质地，而且它们性价比极高。那赫产区的酿酒师一直奉行的原则是"贵精不贵多"。

● 莱茵高

→ **红葡萄酒** | **白葡萄酒**
晚收勃艮第 | 雷司令

以前，谈到德国的葡萄酒，人们往往会先想到莱茵高这个历史悠久的产区。莱茵高产区比摩泽尔产区更温暖，因此出产的酒口感更强劲、质地更厚重。当地的陶努斯山的石英岩土壤造就了莱茵高产区的葡萄酒矿物味突出的特点。你可以尝一尝约翰内斯·莱茨酿的酒，或他以前所在的酒庄的主人埃娃·弗里克酿的酒。

奥地利

红葡萄酒

茨威格、蓝佛朗克、
圣罗兰

白葡萄酒

绿维特利纳、威尔士
雷司令（意大利雷司
令）、雷司令、霞多丽、
长相思

➤ **该国的葡萄酒多为采用环保方式酿造的干型
葡萄酒。**

奥地利的葡萄酒行业在过去 30 年间进行了两次改革。第一次改革改变了奥地利量产化的酿酒模式，提高了葡萄酒的品质。第二次改革则是由时代差异引起的，因为原本跟着父亲和祖父学习酿酒，后来去全球各地的酒庄当学徒的孩子们长大了，他们回国接管了自家酒庄，并将他们的所学所感付诸实践。奥地利也因此出现了许多极具创新精神、打破传统观念的酿酒师，他们更多地使用不锈钢酒桶来发酵葡萄酒，而且酿的葡萄酒风味清淡、酒精度低。奥地利近些年出现的有机栽培法、可持续种植法以及生物动力法也吸引了许多人关注，奥地利的酿酒师一直十分注重环保。生物动力法的开创者鲁道夫·施泰纳就来自奥地利。尽管奥地利的酒庄很少宣传他们的环保措施，但环保措施确实被奥地利的大多数酒庄认同，你在这里很少能看到有人在葡萄藤上喷洒农药。

奥地利的葡萄酒绝大多数是干型葡萄酒。绿维特利纳可谓奥地利的特色品种，用这种黄色的葡萄可以酿造多种风格的葡萄酒，在 20 世纪 90 年代末，它为奥地利这个小国家在世界葡萄酒行业赢得了一席之地。用广受欢迎的威尔士雷司令（和雷司令没有关系）也能酿造多种风格的葡萄酒：施蒂里亚产区的酿酒师用它酿造酒体轻盈、口感爽脆的葡萄酒；在新锡德尔湖产区，它则是酿造甜型葡萄酒的主要原料。贵腐菌在甜型葡萄酒的酿造过程中起到非常关键的作用，相对于法国的苏玳产区和匈牙利的托卡伊产区而言，新锡德尔湖产区的气候更适合贵腐菌的生长和繁殖。在该产区的酒中，我偏爱克拉赫酒庄的甜型葡萄酒，因为我参与了它们的酿造过程！

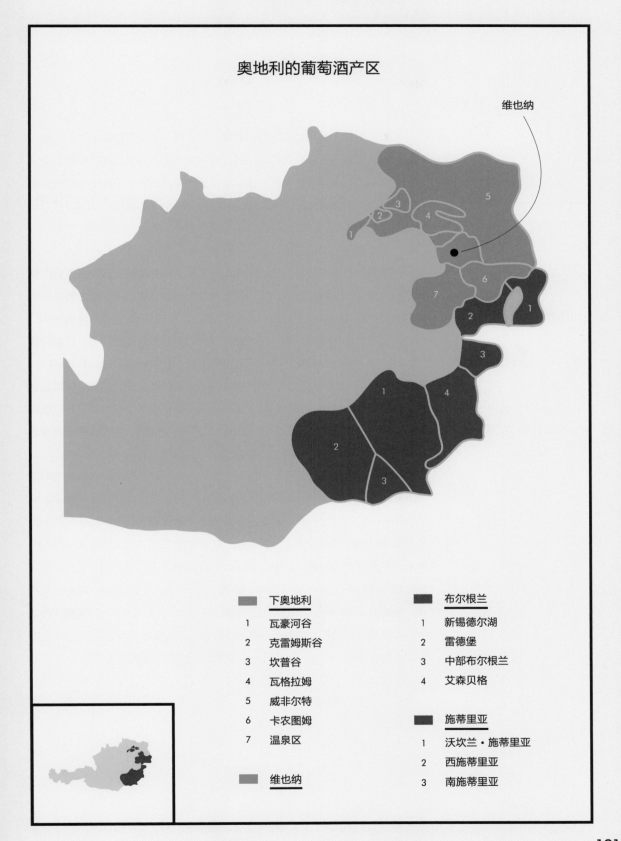

奥地利的葡萄酒产区

维也纳

下奥地利
1 瓦豪河谷
2 克雷姆斯谷
3 坎普谷
4 瓦格拉姆
5 威非尔特
6 卡农图姆
7 温泉区

维也纳

布尔根兰
1 新锡德尔湖
2 雷德堡
3 中部布尔根兰
4 艾森贝格

施蒂里亚
1 沃坎兰·施蒂里亚
2 西施蒂里亚
3 南施蒂里亚

101

瓦豪河谷是奥地利最传统的葡萄酒产区，而克雷姆斯谷和坎普谷的酒品质也丝毫不差。维也纳南边的温泉区有两种本土的白葡萄：红基夫娜和津芳德尔。得益于温泉区的石灰岩土壤，用这里的津芳德尔可以酿出风味非常独特的酒。你可以尝一尝施塔德尔曼（Stadlmann）酒庄的酒。

施蒂里亚产区有"奥地利的托斯卡纳"之称，因为施蒂里亚产区和托斯卡纳产区都有绵延起伏的山丘。（但施蒂里亚产区的环境比托斯卡纳产区的环境好得多！）这里的环境非常适合种植霞多丽（在施蒂里亚产区，它的别名为"莫瑞兰"）和长相思，用这里的葡萄酿的酒酒液纯净，酸度较高，但它的酸味不是桑塞尔白葡萄酒的那种柠檬的酸味，而是澳洲青苹果的酸味。该产区有许多新的酿酒风格，这主要归功于提蒙特酒庄和拉克纳－廷纳彻酒庄的单一园长相思白葡萄酒。另外，克里斯托夫·诺伊迈斯特酿的酒酒体轻盈，酒液纯净，令人印象深刻。遇到气候条件恶劣的年份，该产区的酿酒师甚至会逐颗挑选葡萄以保证用最完美、最健康的果实来酿酒。你可以在他们酿的酒中感受到他们近乎疯狂的努力。此外，随着气候变暖，奥地利不同风格的葡萄酒越来越多。

除此之外，奥地利的布尔根兰产区有一种名为蓝佛朗克的红葡萄，用这种葡萄酿的酒带有深色浆果味及香料味。不同的酿酒方式能使蓝佛朗克葡萄酒呈现不同的风格——既可以是罗第丘西拉红葡萄酒的风格，也可以是勃艮第黑皮诺红葡萄酒的风格。你可以尝一尝布尔根兰产区的酿酒师罗兰·韦利奇酿造的莫里奇蓝佛朗克（Moric Blaufränkisch）干红葡萄酒，或汉内斯·舒斯特（Hannes Schuster）酒庄、韦希特尔－维斯勒（Wachter-Wiesler）酒庄、马库斯·阿尔滕布格尔（Markus Altenburger）酒庄、保罗·阿克斯（Paul Achs）酒庄和普里勒（Prieler）酒庄等新锐酒庄的葡萄酒，还可以尝一尝克劳斯·普赖辛格（Claus Preisinger）酒庄出产的自然特酿红葡萄酒。

DAC（奥地利产区系统）：葡萄酒酒标上标明的产区也代表酿酒葡萄的原产地。

美 国

➝ 在过去的 20 年间，美国人对葡萄酒的热爱与日俱增，目前美国已经成为世界上葡萄酒消费量最高的国家。与此同时，该国也出产了不少值得美国人骄傲的佳酿。

美国的全部 50 个州都出产葡萄酒。（但各个州的酒品质参差不齐。）

美国不像欧洲国家那样，对酿酒行业有着非常严格的法规限制，美国的酿酒师可以自由地进行创新与实验。在酿酒葡萄的种植方面，欧洲国家对葡萄的品种有着非常严格的要求；但美国比较自由，在短短的 20 年里，美国的葡萄品种增加了很多。在销售渠道方面，美国的酒庄往往会邮寄产品清单，或旗下有葡萄酒俱乐部，消费者甚至可以直接从酿酒师手中买酒。虽然大众可能认为美国的葡萄酒往往酒体饱满，香气浓郁、奔放，且经橡木桶发酵的时间较长，但这已经是过去式了，现在美国的葡萄酒早已不止这一种风格。美国年轻一代的酿酒师在世界各地游历学习，带回许多新的酿酒技巧，他们会酿造一些风格更平衡的葡萄酒。加利福尼亚州的自然起泡酒，圣塔芭芭拉酿酒风格的创新，还有俄勒冈州那些极具特色的霞多丽白葡萄酒，都体现了美国酿酒风格的改变！汉普顿产区的葡萄酒和纽约州芬格湖群产区的葡萄酒，品质也有了很大的提升。所有这些变化都在向你传达一个讯号，那就是美国有一些能令人激动的葡萄酒。

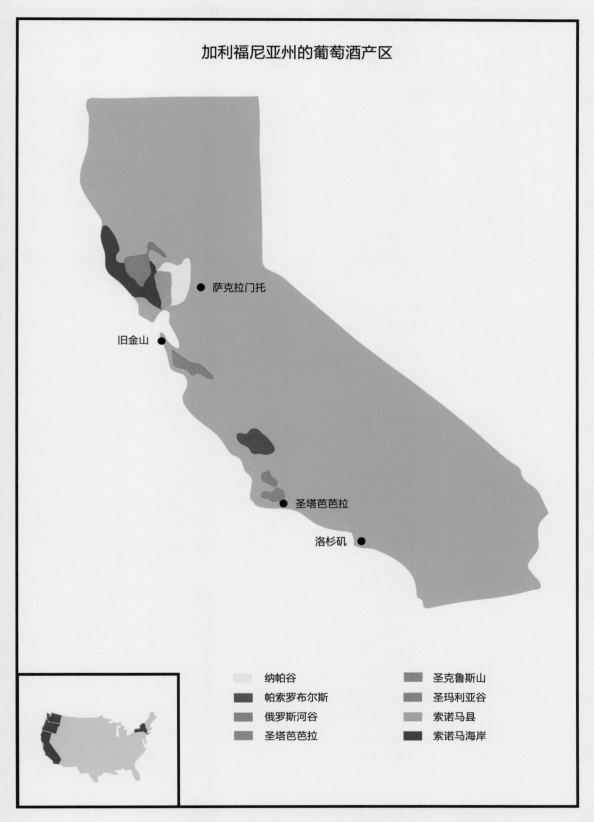

加利福尼亚州的葡萄酒产区

萨克拉门托

旧金山

圣塔芭芭拉

洛杉矶

纳帕谷		圣克鲁斯山	
帕索罗布尔斯		圣玛利亚谷	
俄罗斯河谷		索诺马县	
圣塔芭芭拉		索诺马海岸	

加利福尼亚州

红葡萄酒	白葡萄酒
赤霞珠、黑皮诺、梅洛、仙粉黛、西拉	霞多丽、长相思

该产区阳光明媚，盛产质地如奶油般顺滑、带有黄油味和橡木味的霞多丽白葡萄酒，以及酒体饱满、香气浓郁奔放的赤霞珠红葡萄酒。目前该产区越来越注重酒的清新感和优雅感。

加利福尼亚州绝对是美国葡萄酒行业的一大巨头。谈到该产区，我们想到的大多是该产区的两个子产区——纳帕谷产区和索诺马县产区，这两个产区的酿酒师在 20 世纪初就开始种植酿酒葡萄。然而，加利福尼亚州大部分的酿酒葡萄来自另一个子产区——气候炎热、地形平坦的中央山谷产区。嘉露（E.&J.Gallo）酒庄的葡萄种植规模非常庞大。年轻一代的酿酒师会尝试选择一些气候更凉爽的地区的葡萄，尤其是有雾的地区的葡萄，他们想要以此打破人们的刻板印象——只有用种植在光照充足的地方的葡萄，才能酿出个性鲜明的酒。夜晚凉爽的环境仿佛是天然的空调屋，能赋予葡萄酒意想不到的清新感。（种植在纳帕谷的黑皮诺是没有灵魂的，由于阳光暴晒，用它们酿的黑皮诺红葡萄酒口感过于圆润、松弛。但种植在多雾的索诺马海岸或圣克鲁斯山高处的黑皮诺截然不同，用它们酿的葡萄酒有个性与灵魂。）葡萄种植业向凉爽地区的扩张，对美国的葡萄酒行业来说是一个振奋人心的巨大进步。

加利福尼亚州北部海岸

○ 纳帕谷

红葡萄酒	白葡萄酒
赤霞珠、梅洛	霞多丽、长相思

纳帕谷产区因几款葡萄酒在 20 世纪 70 年代末的巴黎评判（Judgment of Paris）比赛中击败了法国的葡萄酒而一战成名，并因此一跃成为世界上最著名的葡萄酒产区之一。纳帕谷产区的葡萄酒以风味丰富且集中和酒体饱满著称，该产区有许多知名的子产区，如鹿跃产区、奥克维尔产区、卢瑟福产区、圣海伦娜产区、维德山产区和卡内罗斯产区。纳帕谷几乎每天都是晴天，但由于各个子产区的雾天多少、阳光强烈程度和海拔都不甚相同，所以酒的风格各不相同。

你一定要尝尝卡西·科里森酿的葡萄酒。另外，埃菲尔德（Enfield）酒庄、麦西肯（Massican）酒庄、天空（Sky）酒庄和石山（Stony Hill）酒庄的酒也很值得尝试。

◉ 俄罗斯河谷

红葡萄酒	白葡萄酒
黑皮诺	霞多丽

该产区的气候较温暖，因此该产区的葡萄酒酒体厚重，口感浓郁、丰富，它们也因此得到了人们的赞赏。该产区的葡萄酒的陈化表现非常棒。你可以尝一尝约瑟夫·斯旺酒庄的三

号系列黑皮诺（Pinot Noir Cuvée de Trois）干红葡萄酒，它们风味丰富、口感柔和、酒体结构美妙且平衡。

● 索诺马海岸

→	红葡萄酒	白葡萄酒
	黑皮诺	霞多丽

和旁边的纳帕谷相比，索诺马海岸并没有那么吸引游客，这里没有多少礼品店，也没有赛格威探索项目。索诺马海岸的法定葡萄种植区位于太平洋沿岸，这里有许多非常棒的酒庄。索诺马海岸凉爽多雾的天气为霞多丽和黑皮诺提供了理想的生长条件。

你一定要尝尝赫希酒庄的葡萄酒，这个酒庄是索诺马海岸葡萄酒行业的先驱。另外，阿诺特－罗伯茨酒庄有几款葡萄酒非常值得一尝。

加利福尼亚州中央海岸

● 圣克鲁斯山

→	红葡萄酒	白葡萄酒
	黑皮诺、赤霞珠	霞多丽

圣克鲁斯山位于硅谷和太平洋海岸之间，海拔约2,000英尺（约610米）。与纳帕谷相比，该产区的生活节奏较慢，非常适合旅行（物价也较低）。山脊（Ridge）酒庄的蒙特－贝罗（Ridge Monte Bello）红葡萄酒是一款被严重低估的加利福尼亚州膜拜酒。（这款酒曾在1976年的巴黎评判比赛中

获得第五名。）你可以尝尝邦尼顿（Bonny Doon）酒庄的酒，酒庄的主人兰德尔·格雷厄姆喜欢尝试用小众的葡萄品种酿酒，该酒庄的酒非常值得一尝！

● 圣塔芭芭拉

→	红葡萄酒	白葡萄酒
	黑皮诺	霞多丽

电影《杯酒人生》就是在这里拍摄的。这部电影出名之后，梅洛红葡萄酒的销量随即暴跌，黑皮诺红葡萄酒的销量则一飞冲天（而且自此居高不下）。著名的法定葡萄种植区圣玛利亚谷和圣丽塔山都位于该产区。你能在这里买到全世界最划算的黑皮诺红葡萄酒和霞多丽白葡萄酒。

该产区目前已划入加利福尼亚州。投资者和年轻的创业者为该产区注入了许多活力。该产区的气候非常适合葡萄生长：太平洋上空的雾气在夜晚缓缓飘来，在早晨因太阳照射而消弭。这种气候条件吸引了许多世界一流的酿酒师前来。

奥邦（Au Bon）酒庄和克伦德恩家族酒庄的庄主吉姆·克伦德恩是一位非常优秀的酿酒师。克伦德恩家族庄园旗下的皮普酒庄黑皮诺干红葡萄酒是一款非常有价值的酒。此外，你可以尝尝塔托默酒庄的白葡萄酒，尤其是那里的雷司令干型白葡萄酒，以及我心目中除奥地利的绿维特利纳白葡萄酒之外，全世界最好的绿维特利纳白葡萄酒。

华盛顿州

| → | **红葡萄酒**
赤霞珠、梅洛、西拉 | **白葡萄酒**
霞多丽、雷司令 |

该产区是一个拥有许多亮点、规模极大的产区。

该产区大部分的酒庄都位于喀斯喀特山脉以东，这条山脉极大地缓解了气候变化造成的影响。该产区的气候如沙漠般干旱，葡萄的生长主要依靠河流灌溉。波尔多风格混酿葡萄酒是这里的特产，这里的西拉红葡萄酒也很不错。华盛顿州是一个规模极大的产区，盛产雷司令白葡萄酒，该产区的圣密夕（Ste. Michelle）酒庄尤其出色，每年，它的雷司令白葡萄酒的产量都很高。

纽约州

| → | **红葡萄酒**
品丽珠、梅洛 | **白葡萄酒**
雷司令、白诗南、
霞多丽 |

是的，没错，纽约州也出产桃红葡萄酒和雷司令白葡萄酒。

纽约州的酒庄主要集中在两个子产区。一个子产区是繁华的汉普顿产区，这里盛产非常有意思的白诗南白葡萄酒、品丽珠红葡萄酒和时髦的桃红葡萄酒。你可以尝尝产自沃夫尔（Wölffer）酒庄、葡美奥克（Paumanok）酒庄和钱宁女儿（Channing Daughters）酒庄的酒。另一个子产区是纽约州北部具有田园风格的芬格湖群产区，该产区凉爽的气候和具有保温作用的湖水使这里的雷司令白葡萄酒极具个性，康斯坦丁·弗兰克（Dr. Konstantin Frank）

酒庄、赫尔曼酒庄、拉维内斯（Ravines）酒庄和界隙（Boundary Breaks）酒庄的雷司令白葡萄酒值得关注。另外，该产区的克莱门特（Clement）酒庄拥有许多引人关注的红葡萄酒。你如果喜欢干型葡萄酒，可以尝尝帝国（Empire）酒庄的雷司令干型白葡萄酒。

俄勒冈州

| → | **红葡萄酒**
黑皮诺 | **白葡萄酒**
灰皮诺、霞多丽 |

俄勒冈州的葡萄酒产业和加利福尼亚州的有点儿像，但没有加利福尼亚州商业化程度高。当地的皮诺葡萄酒非常有名。近年来，霞多丽白葡萄酒也在不断提升质量，逐渐成为该产区的代表酒款。

人们经常拿俄勒冈州和加利福尼亚州做比较。俄勒冈州是一个相对凉爽多雨的地区，因此这里的酒庄多采用生物动力法来种植葡萄。俄勒冈州南边一些产区出产的皮诺葡萄酒口感圆润，果味浓郁；而俄勒冈州的皮诺葡萄酒酒体厚重，香料味重，口感强劲。该产区的灰皮诺白葡萄酒和霞多丽白葡萄酒都非常不错。

俄勒冈州最出名、产量最高的法定葡萄种植区在威拉米特河谷产区，该产区有许多子产区。你可以尝一尝夜地（Evening Land）酒庄和通用语酒庄的霞多丽白葡萄酒，这是高级侍酒师拉里·斯通和勃艮第的顶级酿酒师多米尼克·拉丰合作酿造的一款葡萄酒，它非常有意思。俄勒冈州有代表性的酿造皮诺葡萄酒的酒庄有贝里斯特伦酒庄、克里斯托姆（Cristom）酒庄、德鲁安（Drouhin）酒庄和历史悠久的艾瑞（The Eyrie）酒庄。

俄勒冈州和华盛顿州的葡萄酒产区

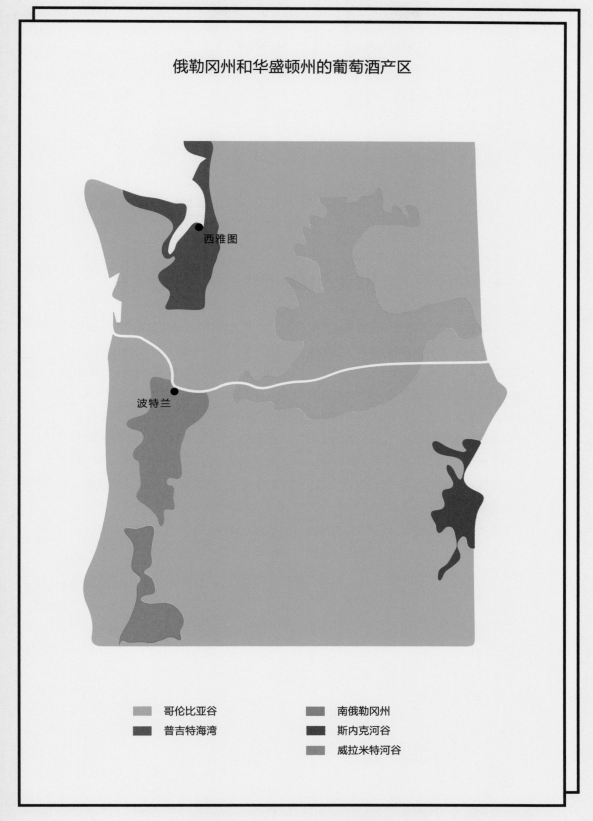

西雅图

波特兰

哥伦比亚谷　　　　　南俄勒冈州

普吉特海湾　　　　　斯内克河谷

威拉米特河谷

南美洲各国

➡ 阿根廷和智利这两个国家都在进行葡萄酒革命。

安第斯山脉肥沃的土壤和高海拔带来的凉爽，以及该产区温暖的地中海气候共同成就了果味浓郁、口感层次丰富的传统南美洲葡萄酒。法国的一些酿酒师在南美洲投入了大量资金，因为他们一方面想找一些便宜的土地和劳动力，另一方面考虑到南美洲位于热带，全年只有夏秋两季，在冬春两季法国寒冷的时候，他们可以在南美洲找点儿事做。此外，由于19世纪末席卷欧洲的根瘤蚜虫害并没有蔓延到智利，所以南美洲还具有一个优势，那就是有许多未嫁接过的葡萄藤。

南美洲的许多国家与那些年轻一代的酿酒国家一样，先前为了迎合全球市场、符合大众口味，都放弃了酿造传统的葡萄酒，转而酿造一些味道更浓郁、口感更圆润且橡木味更重的葡萄酒。不过近年来，南美洲的许多国家开始重新重视传统葡萄酒文化，平衡流行与传统，种植一些本土的酿酒葡萄，并试图重新确定本国在国际葡萄酒市场中的身份。总体来说，阿根廷的红葡萄酒大多风味集中、果味浓郁，酒液多偏紫色；智利的红葡萄酒则多带有桉树叶味，十分令人着迷。

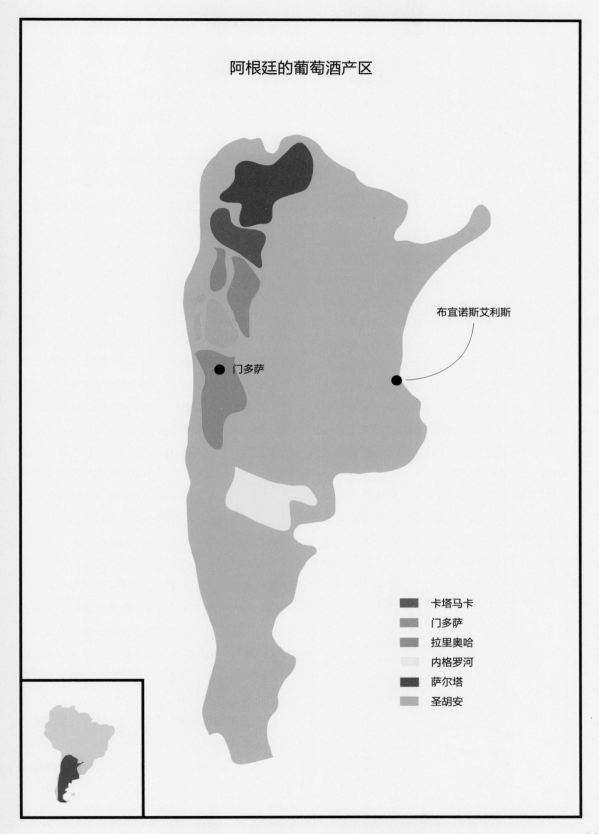

阿根廷的葡萄酒产区

布宜诺斯艾利斯

门多萨

卡塔马卡
门多萨
拉里奥哈
内格罗河
萨尔塔
圣胡安

阿根廷

→ **红葡萄酒** | **白葡萄酒**
马尔贝克、赤霞珠、 | 特浓情、霞多丽
伯纳达 |

该产区出产口感强劲、价格合理的马尔贝克红葡萄酒和口感激爽的特浓情白葡萄酒。

20世纪90年代末，阿根廷的酿酒方式和人们的饮酒习惯发生了巨大的变化，这里不再种植果皮呈粉红色的本土白葡萄，也不再酿造酒体轻盈的乡村风格佐餐酒，而转向传统、正式的酿酒风格。阿根廷沙漠般干旱的气候和砂土土壤形成了奇妙的组合，为葡萄提供了绝佳的生长环境。阿根廷的马尔贝克红葡萄酒与加利福尼亚州的赤霞珠红葡萄酒有相似之处：酒液颜色深，香气浓郁奔放，香料味重，口感强劲，价格高昂。此外，虽然之前该产区的红葡萄酒橡木味较重，但近几年，酿酒师对此做了一些调整，减轻了酒中的橡木味。

萨尔塔产区位于阿根廷北部，海拔高达1万英尺（约3048米），环境美不胜收，这里的酒庄可谓世界上海拔最高的酒庄，出产许多品质很高的酒，比如佳乐美（Colome）酒庄的酒。该产区的超高海拔使得种植的葡萄果皮较厚，从而造就了酒液偏深紫色、果味浓郁、充满精致感的葡萄酒。（喝完这

些葡萄酒一小时后，你的牙齿上可能还有酒渍！）另外，萨尔塔产区的特浓情白葡萄酒也很好，它们口感清爽，带有花香和柑橘味。

门多萨产区是阿根廷最有名的葡萄酒产区，当地的主打酒是马尔贝克红葡萄酒，当地的酒庄规模通常比较大。不同子产区的马尔贝克红葡萄酒味道不同：卢汉德库约产区的酒口感强劲，香料味重；环境优美的尤克谷产区的酒则具有勃艮第风格。伯纳达是当地非常有名的红葡萄，它是我在这里旅游时注意到的。虽然酿酒师们并未非常重视该品种，但我发现伯纳达红葡萄酒其实很好喝，它简单易饮，而且价格不高。

继续往南走，就来到了巴塔哥尼亚产区。意大利的前卫酿酒师皮耶罗·因奇萨·德拉罗凯塔在该产区采用生物动力法种植了许多黑皮诺，并为葡萄酒创造了许多不同的标签。（第一款超级托斯卡纳葡萄酒就诞生于因奇萨·德拉罗凯塔家族之手。）你可以尝一尝贴有他创造的"不含硫"标签的葡萄酒。他与知名酿酒师让-马克·米约合作，酿造了一款霞多丽白葡萄酒。虽然这款酒不便宜，但就我的亲身体验而言，它的味道有些像阿根廷版的科尔登-查理曼（Corton-Charlemagne）特级园干白葡萄酒，而且虽然尝起来像高端酒，其价格却比高端酒的低得多。

阿根廷酿酒师的酿酒理念一直是"打造有特色的葡萄酒"，所以与工业化量产葡萄酒的智利相比，阿根廷的葡萄酒产量低得多，这里大多是小规模酒庄。目前该国流行探索高海拔地区，比如图蓬加托和尤克谷等，当地的酿酒师想酿造风格全新的、能更好地诠释风土（而非展现酿酒师的傲慢）的马尔贝克红葡萄酒。如今，这里的葡萄酒的品质非常稳定，清新度也有所提升，这在以前绝对无法想象。你可以尝一尝尤克谷的马蒂亚斯·米凯利尼（Matias Michelini）酒庄的酒，该酒庄的主人可谓阿根廷最前卫的酿酒师。

智利

智利的葡萄酒产区

圣地亚哥

红葡萄酒	白葡萄酒
赤霞珠、梅洛、佳美娜、派斯	霞多丽、长相思

该国的酿酒风格逐渐从工业化量产转变为精工细作。

在过去的几十年间，智利的高原地形、充足的光照和灌溉水源，为其吸引了许多外国的投资商。19 世纪出现的葡萄根瘤蚜摧毁了全球大量的葡萄园，但并没有波及位于南美洲的智利，因此这里留存下来许多未嫁接过的葡萄藤。法国的几个权贵家族向该国派了许多专业人士，并投入大量资金，将这里打造为工业化葡萄酒产区，大量出产具有法国风格的国际主流品种葡萄酒。

但幸运的是，在新一代酿酒师的引导下，智利的葡萄酒行业也在发生变化。这些变化发生在安第斯山脉和靠近太平洋的寒冷地区。采用旱作农业（不进行灌溉），保护和使用老藤葡萄以及采用生物动力法是新趋势。莫莱谷产区、比奥比奥河谷产区和伊塔塔河谷产区都顺应了这一新趋势。你可以尝一尝佩德罗·帕拉用种植在花岗岩土壤中的神索酿的红葡萄酒，你会有非常独特、深刻的体验。

20 世纪中期，智利出现了一批开创者，其中包括一名勃艮第人。他们用当地特有的、未经嫁接的老藤佳丽酿和派斯酿酒。用这两种葡萄都可以酿出口感简单、价格不高、非常有意思的乡村风格葡萄酒，当地人称这些酒为"胡椒酒"。我很喜欢智利的这些口感纯正、果味浓郁、带有桉树叶等植物味的红葡萄酒。智利的葡萄酒新时代来临了！

- ■ 阿空加瓜
- ■ 阿塔卡马
- ■ 比奥比奥河谷
- ■ 卡恰布
- ■ 科尔查瓜
- ■ 科金博
- ■ 库里科
- ■ 伊塔塔河谷
- ■ 迈坡河谷
- ■ 马耶科

南　非

红葡萄酒
皮诺塔吉、西拉、赤霞珠、
黑皮诺

白葡萄酒
白诗南、长相思、霞多丽

➡ **虽然南非批量生产白诗南白葡萄酒，**
但该国的葡萄酒依然极具特色和灵魂。

　　南非的酿酒史可以追溯到 17 世纪，但当时该国主要将酿造的葡萄酒用于制作各种蒸馏酒，以及商业化地量产皮诺塔吉红葡萄酒。但如今，南非的葡萄酒行业发生了巨大的变化。在斯泰伦博斯、帕尔和弗兰谷等高端产区，酒庄非常漂亮，像画册上的一般，品酒室也非常有美感。和其他许多国家一样，南非的葡萄酒行业的变化也是由归国的年轻一代酿酒师带来的。与前人相比，他们更重视葡萄的种植过程，并倾向于在较寒冷的地区酿造葡萄酒。沃克湾产区的汉内斯·斯托姆是一位杰出的年轻酿酒师：他酿的黑皮诺红葡萄酒品质优异，他还酿造了许多精致的、口感可媲美勃艮第白葡萄酒的霞多丽白葡萄酒。我们再谈谈黑地产区，你可以尝一尝巴登霍斯特（Badenhorst）酒庄的酒，该酒庄的家族混酿干白葡萄酒喝起来像轻盈版的埃米塔日白葡萄酒。此外，赛蒂家族酒庄的葡萄酒非常值得一尝。

南非的葡萄酒产区

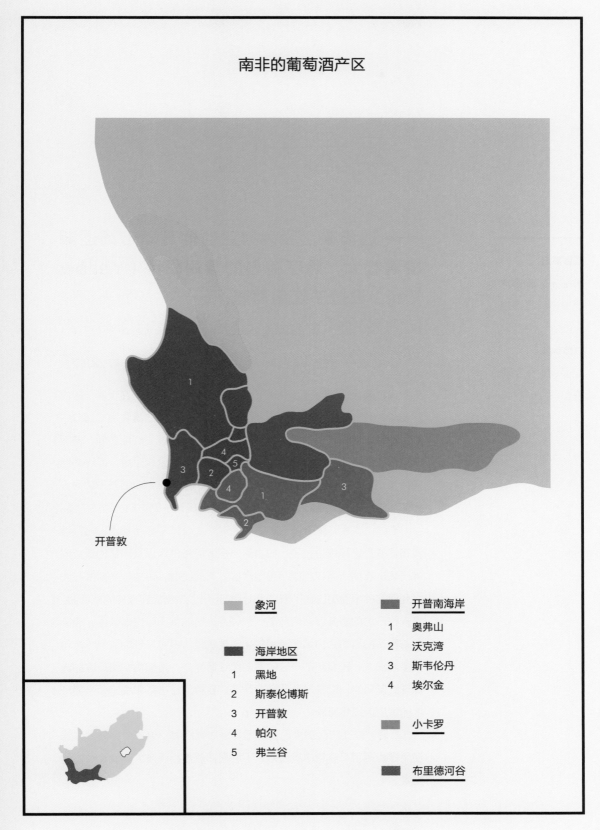

开普敦

象河

海岸地区
1　黑地
2　斯泰伦博斯
3　开普敦
4　帕尔
5　弗兰谷

开普南海岸
1　奥弗山
2　沃克湾
3　斯韦伦丹
4　埃尔金

小卡罗

布里德河谷

澳大利亚

红葡萄酒
设拉子、赤霞珠、
黑皮诺、歌海娜

白葡萄酒
霞多丽、长相思、
赛美蓉

➜ 近年来，澳大利亚的葡萄酒市场逐渐发展壮大，除了有名的黄尾袋鼠（Yellow Tail）设拉子红葡萄酒， 还有许多品质极佳的霞多丽白葡萄酒、雷司令白葡萄酒和赤霞珠红葡萄酒。

虽然澳大利亚的酿酒史始于 19 世纪 30 年代左右，在世界范围内算比较晚的，但目前，葡萄酒已成为该国居民生活的重要组成部分。澳大利亚人喜欢他们的酒体饱满、果味浓郁的设拉子红葡萄酒，并因它们而自豪。澳大利亚的葡萄酒市场由四家大型公司主导，而许多产自凉爽地区的小酒庄的葡萄酒也非常不错，虽然它们口感各不相同，但都非常吸引人。遗憾的是，在美国的商店里买不到这些小酒庄的酒。

不过，澳大利亚值得一提的酒绝对不止设拉子红葡萄酒。该国确实有许多产区种植设拉子，如炎热的巴罗萨谷产区以及凉爽的亚拉河谷产区、吉朗产区和阿德莱德山产区。与此同时，其他酿酒葡萄在澳大利亚的种植面积也在不断扩大，用它们可以酿出品质极佳的葡萄酒：猎人谷产区的赛美蓉白葡萄酒，伊顿谷产区的雷司令白葡萄酒，克莱尔谷产区的雷司令白葡萄酒和陈化表现极佳的设拉子红葡萄酒（产自文多酒庄），巴罗萨谷产区的歌海娜红葡萄酒，玛格丽特河产区的赤霞珠红葡萄酒，以及塔斯马尼亚产区、亚拉河谷产区和莫宁顿半岛产区的黑皮诺红葡萄酒。

最后，你在购买澳大利亚的葡萄酒时需注意：该国的酿酒师普遍使用螺旋瓶盖而非软木塞封瓶，不要根据瓶盖判断澳大利亚葡萄酒的质量。

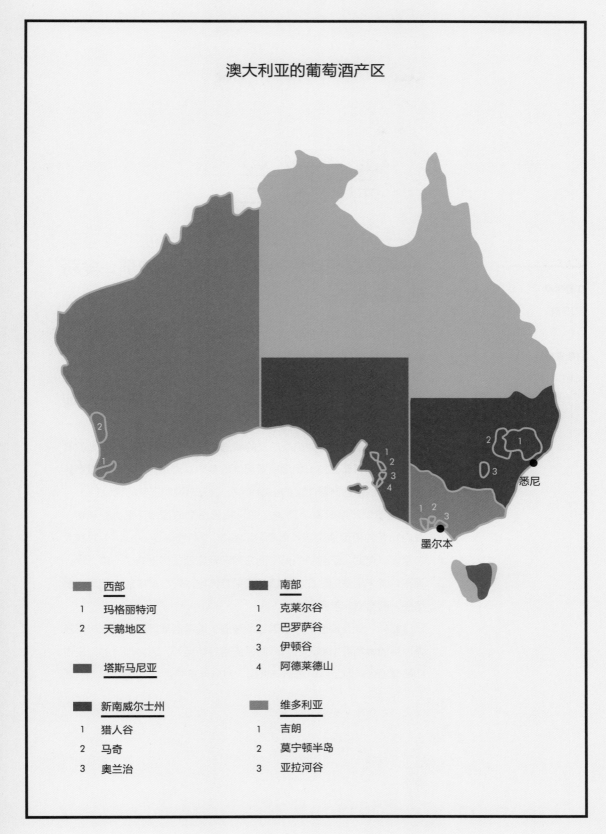

澳大利亚的葡萄酒产区

西部	南部
1 玛格丽特河	1 克莱尔谷
2 天鹅地区	2 巴罗萨谷
	3 伊顿谷
塔斯马尼亚	4 阿德莱德山
新南威尔士州	维多利亚
1 猎人谷	1 吉朗
2 马奇	2 莫宁顿半岛
3 奥兰治	3 亚拉河谷

新西兰

→ 该国的长相思白葡萄酒风味浓郁，令新西兰人自豪。

红葡萄酒
黑皮诺

白葡萄酒
长相思、霞多丽

法国卢瓦尔河谷的长相思白葡萄酒拥有独特的激爽口感，而新西兰的长相思白葡萄酒果味更浓，像一款混合型果汁。黑加仑味、猫尿味（你真正闻到之后就明白我的意思了）、热带水果味……新西兰的长相思白葡萄酒拥有非常丰富的风味，可以说，它们与法国的长相思白葡萄酒截然不同。

长相思是新西兰种植最广泛的酿酒葡萄，而且几乎全球各地的餐厅酒单上都有新西兰长相思白葡萄酒的身影。对这样一个葡萄酒产量仅占世界葡萄酒产量 1% 的小国来说，这充分说明了它的地位！

马尔堡产区云雾之湾酒庄的长相思白葡萄酒上市后大获成功，业内知名的葡萄酒杂志《葡萄酒观察家》（*Wine Spectator*）对其大加赞扬，自此，新西兰的葡萄酒在国际葡萄酒市场上有了一席之地。现在，越来越多的酒庄出产口感简单且风味浓郁、集中的长相思白葡萄酒，这类酒非常受欢迎。

此外，谈及该国的黑皮诺红葡萄酒，葡萄酒爱好者更喜欢气候较为凉爽的奥塔哥中部产区出产的黑皮诺红葡萄酒，因为那里的黑皮诺红葡萄酒带有泥土味，香料味突出，且风味集中。

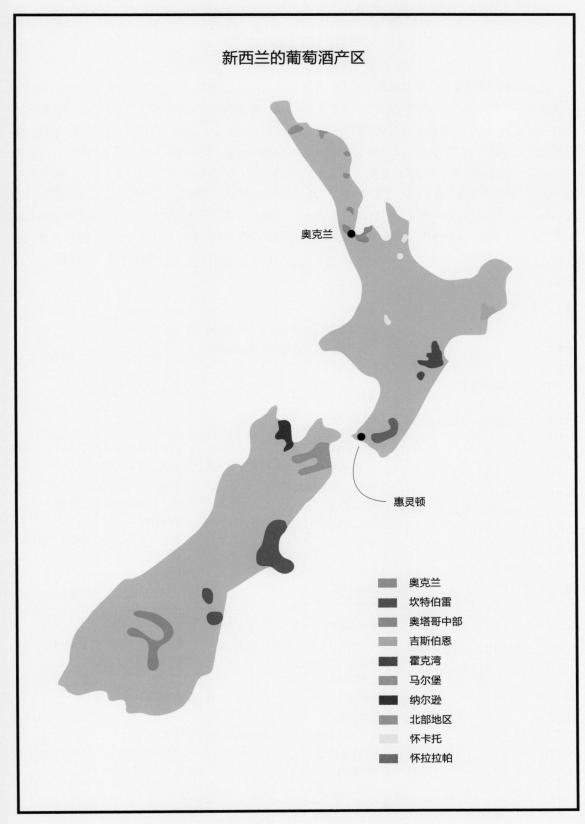

新西兰的葡萄酒产区

奥克兰

惠灵顿

奥克兰
坎特伯雷
奥塔哥中部
吉斯伯恩
霍克湾
马尔堡
纳尔逊
北部地区
怀卡托
怀拉拉帕

值得关注的产区

葡萄酒爱好者越来越多是葡萄酒价格不断上涨的原因之一。曾经可以在偶尔挥霍时买一瓶的酒，现在已经遥不可及。葡萄酒图书作家埃里克·阿西莫夫曾对记者说："在 20 世纪八九十年代，购买波尔多一级庄葡萄酒或勃艮第特级园葡萄酒对我来说有些奢侈，但我买得起。现在我已经是《纽约时报》（New York Times）的酒评家了，可以说达到了我职业生涯的最高水平，我却买不起那些酒了。"

但幸运的是，正如我在本书的第 151 页写的那样，葡萄酒并非越贵越好。有一些地区可能还未被发掘，或者仍在发展，你可以在那些地区找到价格合理的好酒。你只要敞开心扉，乐于尝试，就能找到它们。你在询问侍酒师时会发现他们总喜欢喝那些价格实惠的葡萄酒，并为自己走在潮流的前列而自豪。所以，不要将探索的目光只停留在本书提到的那些国家和产区。接下来，让我们继续探索和品尝吧！

法国

萨瓦
出产的白葡萄酒种类繁多。

波尔多右岸
出产物美价廉的梅洛－品丽珠混酿红葡萄酒。

侯安丘
出产好喝又百搭的佳美红葡萄酒。

马沙内和日夫里
出产夜丘产区黑皮诺红葡萄酒的平价替代品。

马贡
出产实惠的白葡萄酒。

智利

莫莱谷、伊塔塔河谷和比奥比奥河谷
出产实惠的、年轻的"胡椒酒"。

德国

莱茵高
出产的晚收勃艮第红葡萄酒品质可媲美勃艮第的黑皮诺红葡萄酒。

摩泽尔
弗兰岑酒庄、彼得·劳尔酒庄以及埃娃·弗里克酿的雷司令白葡萄酒都非常好喝。

希腊

圣托里尼岛
当地的阿斯提可白葡萄酒被称作"希腊版夏布利白葡萄酒"。

爱琴马其顿
当地的黑喜诺红葡萄酒果味浓郁、口感强劲。

西班牙

安达卢西亚
当地出产的非氧化型维吉瑞佳白葡萄酒类似于勃艮第白葡萄酒。

加那利群岛
出产品质极佳的"荒岛葡萄酒"。

加利西亚
出产风格多样的门西亚红葡萄酒和阿尔巴利诺白葡萄酒，它们性价比极高。

佩内德斯
该产区的莱文多斯酒庄有许多品质极

佳的葡萄酒。

葡萄牙

杜罗河
一个超级有趣的产区。

杜奥
这里种植着味道类似于内比奥罗的巴加葡萄（百拉达产区也种植这种葡萄）和味道类似于西拉的珍拿葡萄，用这些葡萄酿的酒都很不错。

阿连特茹
出产简单易饮且口感层次丰富的红葡萄酒。

绿酒
该产区正在从出产在超市销售的开架葡萄酒转向出产单一园葡萄酒。

阿根廷

图蓬加托
出产令人激动的高海拔地区葡萄酒。

尤克谷
出产风格全新的、能展现当地风土的马尔贝克红葡萄酒。

酿酒大师

接下来，我为你介绍几位酿酒大师，我非常欣赏他们酿的酒和他们的一些酿酒理念。

多米妮克·莫罗
（Dominique Moreau）
玛丽·库尔坦香槟（Champagne Marie Courtin）酒庄（法国，香槟产区）
莫罗用以生物动力法种植的葡萄作为原料，酿造单一园、单一品种且单一年份的香槟酒。用这种方式酿造的香槟酒风格优雅、品质极佳。这种方式在此后的 20 年内，一直被认为是具有突破性的酿酒方式。

伊丽莎白·福拉多里
（Elisabetta Foradori）
伊丽莎白·福拉多里酒庄（意大利，丰塔纳产区）
伊丽莎白重塑了她的家族酒庄的风格。她不再按照商业化模式酿酒，也不再扩张葡萄的种植面积，而开始酿造那些能够唤起人们在美好回忆的葡萄酒。

劳尔·佩雷斯
（Raúl Pérez）
劳尔·佩雷斯酒庄（西班牙，比埃尔索产区）
佩雷斯在西班牙的许多产区酿酒，他酿的葡萄酒品质都很高。

朱利安·苏尼尔
（Julien Sunier）
（法国，博若莱产区）
苏尼尔是自然派酿酒师，他以佳美为单一原料，在墨贡村和福乐里村酿造了很多品质优异的葡萄酒。

米夏埃尔·莫斯布尔格
（Michael Moosbrugger）
高博古堡（奥地利，坎普谷产区）
他坚持在酿酒过程中最大限度地减少人工干预，并选用有机葡萄。他酿造的雷司令白葡萄酒和绿维特利纳白葡萄酒很好地体现了他的理念。

拉雅·帕尔
（Rajat Parr）
科特（Côte）酒庄（加利福尼亚州，圣丽塔山产区）
帕尔除了是酿酒师，还是作家，科特酒庄是他的与葡萄酒有关的产业之一。该酒庄的黑皮诺红葡萄酒风格优雅，能让我联想到法国的顶级葡萄酒。

纪尧姆·安热维尔
（Guillaume d'Angerville）
百鹏歌（Pélican）庄园（法国，汝拉产区）
安热维尔曾是一位银行家，后来继承父业，接管了位于勃艮第的沃尔奈产区极具传奇色彩的安热维尔侯爵酒庄，并实行改革，提高了酒的质量。在汝拉产区，他收购了百鹏歌庄园，并酿造了一些很棒的葡萄酒。

阿里安娜·奥奇匹提
（Arianna Occhipinti）
奥奇匹提酒庄（意大利，西西里岛产区）
阿里安娜深受葡萄酒爱好者喜爱。任何葡萄酒爱好者在见过阿里安娜后，都会立刻因她那充满感染力的积极态度和她酿造的富有表现力的葡萄酒而折服。

莫妮克·拉罗什 & 特莎·拉罗什
（Monique & Tessa Laroche）
奥梅尹酒庄（法国，卢瓦尔河谷产区）
莫妮克和特莎是一对非常低调的母女。长期以来，她们酿的葡萄酒品质都很好。

2

如何饮酒？

➤ 现在你已经了解了酿酒的原理以及葡萄酒的种类和产区，现在是时候了解如何喝葡萄酒了。当然，学习自己喜欢的内容是非常有趣的。什么能像品尝葡萄酒一样拥有如此味美的学习之路呢？（好吧，品尝巧克力也是。）但是，就像去卡内基音乐厅演奏前需要做大量的练习一样，在成为葡萄酒专家之前，你可能要喝数百瓶葡萄酒。实际上，你不需要喝太多酒，只要你记忆力够好，这本书就能帮你找到能与你产生共鸣的葡萄酒。这是因为，餐厅的侍酒师、葡萄酒专卖店的售货员，甚至带着酒来你家吃晚餐的朋友都能帮助你更快地找到你喜欢的酒，你要做的就是与他们交流，告诉他们你喜欢什么，以及更重要的——你不喜欢什么。

接下来，你将学习如何品酒（提示：品酒不是从舌头开始的）、如何购买葡萄酒、如何在餐厅点葡萄酒、如何搭配菜肴与酒以及如何储存葡萄酒。你如果足够幸运，拥有一个温度可控的空间，那么就可以开始收藏葡萄酒了。这一章有许多图表和小窍门可以帮助你提高学习效率。我的目的不是把你变成和我一样的酒徒，而是让你了解发生在你的酒杯中的那些奇妙的变化。那么，你准备好了吗？

阿尔多的饮酒哲学

► 在过去的 15 年里，我见证了葡萄酒逐渐成为美国人生活的一部分，这真的太奇妙了。

葡萄酒是什么呢？它是一种能展示你的品位和个性的东西，能成为你日常生活的一部分。过去，美国人在吃饭时喝鸡尾酒，吃一顿午饭喝两杯马天尼鸡尾酒是很正常的。但现在很少有人那样做！因为越来越多的人开始喝葡萄酒了。你能在电影里看到人们边吃饭边喝葡萄酒，看到很多人结束一天的工作后坐在沙发上边饮酒边聊天，以及人们在走廊上与朋友边喝酒边闲聊。有些航空公司甚至请知名侍酒师为他们设计酒单，并以此招徕顾客。要知道，在 20 世纪 90 年代，这种做法只会令我们这些有抱负的侍酒师笑得前仰后合。

我年轻时在奥地利生活，那时葡萄酒已经普遍存在于人们的日常生活中，几乎每顿饭都有它的身影。成年后不必每天喝牛奶的我们做的第一件事就是品尝葡萄酒。以前我们在餐厅吃饭时经常点一瓶白葡萄酒或起泡酒作为开胃酒；而现在，我们经常在餐前来一杯香槟酒（德国有种说法叫"清理你的味觉"），吃前菜时搭配一杯白葡萄酒，吃主菜时搭配一杯红葡萄酒，最后吃甜点时再来一杯甜型葡萄酒，其实这和以前也没有太大的区别。

葡萄酒已经融入了我的生活。我会观察顾客如何选酒和品酒，以及他们出于何种目的——是享受和探索还是彰显地位和品位。对我而言，葡萄酒代表快乐。它的终极奥义在于它的凝聚力；它能很好地促进人们的交流。无论你是和朋友一起开一瓶香槟酒，还是独自在酒吧喝酒，总有故事发生，所有人都能敞开心扉交流。以我的经验，一杯葡萄酒下肚，人们的交谈就自然而然地开始了。现在我们总过分沉迷于手机，所以人与人的联系愈发珍贵，愈发有意义。

另外，葡萄酒的文化属性也非常吸引我，它能唤起人们的回忆。每当我有幸喝到一瓶陈年佳酿时，我总会拿出手机先查一查酿造它的那一年发生的事，比如我想了解白马庄园干红葡萄酒问世的 1961 年发生了什么。那时的世界在经历什么事件？有没有发生什么变化？某些年份的葡萄酒能震撼人心：有一次，我品尝了一款 1945 年的葡萄酒，这让我想起那一年酿造葡萄酒需要经历的痛苦和磨难，以及当时人们如何耗费巨大的心血将葡萄酒藏好，保护它不受他国士兵掠夺。奥地利经历了很多战争，因此很少有 1950 年以前的葡萄酒被保留下来。对他人而言，葡萄酒可能只是一种饮料；但对我而言，它是装在瓶中的历史。

在家里，我是个爱好多变的酒徒，我喝什么酒完全取决于我当时的心情。大多数情况下，我会在下班后喝杯啤酒然后睡觉。（这是真的！）而星期天是我喝葡萄酒的日子。我家的地下室里存放着约 500 瓶酒，还有许多酒存放在我家的储酒柜中和酒架上。我是去地下酒窖选一瓶酒，还是去附近的葡萄酒专卖店花 16 美元买一瓶高卢干红葡萄酒，完全取决于我和我的伴侣准备享用的食物以及我们喝酒的场合。此外，有时天气、温度或湿度也会在很大程度上影响我对葡萄酒的选择。有时我会因对新鲜事物的好奇而尝试一些我不了解的葡萄酒，它们可能是我从未听说过的自然酒酿酒师的杰作，也可能是我在西班牙之旅中偶然遇到的酒。如果开瓶后我不喜欢它的味道，我会把它保留到第二天再品尝一次，或直接用来烹饪。我不会因为买到不喜欢的酒而沮丧，而会尽可能地从中学到更多知识，然后继续我的探索之旅。

我很喜欢在星期天和朋友们一起在斯里巴派（SriPraPhai）餐厅吃晚餐，这是皇后区一家很棒、很纯正的泰式餐厅，而且它允许顾客自带酒水。有时我会和一群侍酒师朋友一起去吃饭，每人带两三瓶好酒，一聊就是几小时。我也喜欢和我的邻居兼骑行伙伴穆雷一起去那里吃饭，他一直和我一起学习葡萄酒知识。他和他的妻子一般把带酒（包括成套的酒杯）和点菜的重任交给我。对我而言，看他们对不同的菜肴与酒的搭配做出的反应很有趣。有时我们一整晚只喝香槟酒（顺便一提，香槟酒和泰国菜真的很搭配）或只喝雷司令白葡萄酒（雷司令白葡萄酒和泰国菜也很搭配）。探索和交谈是完美的组合，就像美酒和美食一样。

你不要只在特殊场合才舍得开一瓶好酒。如果你今天很开心，并且觉得 1974 年的赤霞珠红葡萄酒和今晚要吃的煎牛排非常搭配，那就打开这瓶酒吧。（相信我，你的体验会很完美。）

如何品酒和发表评论

➡️ 和朋友边喝酒边聊天是种不错的体验。而在喝酒时闻一闻、尝一尝、观察杯中的酒，则是完全不同的体验。你一旦学会"聆听"一款酒的"声音"，就会被它讲述的故事所吸引。我的品酒习惯并不固定，而且比较琐碎，所以我将它分解为若干个要点，分别谈谈。

接下来，你将了解很多有关葡萄酒的术语，并且能在以后谈论葡萄酒时用到它们。了解这些术语不仅有助于你成为一名优秀的品酒师，还有助于你成为一名优质顾客，因为餐厅的侍酒师和葡萄酒专卖店的售货员需要根据你的用词来判断你想要哪款酒。

第一步：观色

➡️ 倾斜酒杯，使酒液向一侧倾斜。观色时，最好选择浅色背景，比如白色的餐桌布或浅色菜单的背面。（理想条件是在自然光下观察，这样能看到酒液最真实的颜色。目前大多数餐厅的灯光都偏暖色调，因此不必太教条主义，有浅色背景就足够了。）

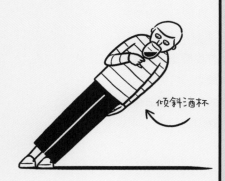

倾斜酒杯

如果你喝的是红葡萄酒……

首先，观察酒液的颜色：酒液越偏紫罗兰色，这瓶葡萄酒就越年轻。颜色的深浅能反映酿酒葡萄的品种。一般来说，内比奥罗、佳美和黑皮诺这几种葡萄本身颜色较浅，而梅洛、赤霞珠和马尔贝克这几种葡萄颜色较深。有一部分人（错误地）认为颜色深代表红葡萄酒的品质高，因此许多酿酒师都在迎合市场偏好，酿造颜色较深的红葡萄酒。

其次，观察葡萄酒的边缘部分和中间部分，你能否看出酒液的颜色和清澈度有细微的差别？中间部分的酒液颜色越深，表明酿酒葡萄的果皮越厚；酒液呈紫色可能是因为浸皮的时间较长；陈年酒的酒液边缘部分呈浅橙色；酒液边缘部分近乎无色则表明使用的酿酒葡萄种植在气候温暖的地区或是在炎热的年份采摘的；酒液边缘部分可能出现小气泡，这可能是酿酒师的失误导致的，也可能因为这是一款博若莱新酒，博若莱产区年轻的酒带有一些小气泡。

如果你喝的是白葡萄酒……

白葡萄酒，尤其是那些在橡木桶中陈化的白葡萄酒，随着陈化时间的增加，酒的颜色会愈发金黄。基于不同的酿酒方法，酒液呈淡黄色可能是因为酿酒葡萄已经氧化或成熟度过高，用这种葡萄酿的酒果味浓郁，酒体饱满，酒精度高；酒液偏绿色则说明这是一款年轻的酒；有一些白葡萄酒比较混浊，未经过滤和澄清，它们极有可能是自然酒。（最后一条也适用于红葡萄酒。）

什么是「酒泪」？

摇晃酒杯，待酒液在杯中晃动几圈，静置酒杯，片刻后留在酒杯内壁上的清澈条纹状或水滴状酒液就是我们所说的"酒泪"，也被称作"酒腿"，它能够反映葡萄酒的酒精度。（你也可以这么想，酒精具有挥发性，那些想要"逃"走的酒精就是"酒泪"。）"酒泪"越细，酒精度就越高（或说明这是一款甜型葡萄酒）。"酒泪"较粗则表明葡萄酒的酒精度较低，或表明这瓶葡萄酒产自寒冷的产区或酿造它的葡萄是在寒冷的季节采摘的。

向阿尔多
提问

第二步：
闻香

➤ 鼻子是我们的嗅觉器官。没有嗅觉，我们甚至无法闻到生洋葱的气味！嘴巴微微张开，鼻子探进杯中，吸气。你闻到了什么气味？是纯净的香味还是氧化味或霉塞味？葡萄酒的故事就藏在你闻到的气味中。气味越复杂，故事就越精彩。

我的习惯是在闻香时闻两次。第一次，我会寻找这款酒原始的风味——蘑菇味、橡木味、水果味、香料味、花香味等等。第二次，我会摇晃酒杯，让酒中的香气充分散发，这次我会着重描述细节，比如"我闻到了樱桃、甘草和紫罗兰的香气"。总体而言，第一次闻香相当于见到陌生人并对其产生第一印象，而第二次闻香相当于给足时间来更充分地了解这个人。

● 一些法国人认为闻香时应该使酒液逆时针旋转，这样闻到的香味和酒液顺时针旋转时闻到的香味是不同的。这两种方式你可以都试试，然后选择适合自己的方式！

我是否应该转杯？

虽然我的答案可能让我有点儿像个老套的、喜欢评头论足的侍酒师，但我的确可以通过顾客的转杯方式来了解他们。有些人动作非常剧烈，我感觉酒都要洒出来了。还有些人用手抓着玻璃杯的杯身，或者前后摇晃酒杯。做这些动作的人一看就是业余人士！那些拿着杯柄，把酒杯举到离桌子几英寸再转杯的人，或者用食指和中指按住酒杯底座，通过滑动酒杯来控制酒液的旋转，并且只重复两次的人，才是专业人士。

你知道我怎么判断谁是真正的专业人士吗？一般情况下，专业人士会先轻嗅一下，而业余人士喜欢将鼻子探进酒杯去闻，然后转动酒杯，说："草莓！"接下来再次摇晃酒杯，说："树莓！"并不断重复。但对我来说，他们像在反复冲刺、停止。为什么不一次性全面地认识这杯葡萄酒呢？我喜欢先闻一闻酒的香气，感受酒的原始风味，然后转杯，集中精力深度闻香，真正感受并捕捉所有风味。

葡萄酒的香气

葡萄酒的香气与其风味的呈现密切相关。在下图中寻找你闻到的香气吧，它能帮助你找到你想要的葡萄酒。

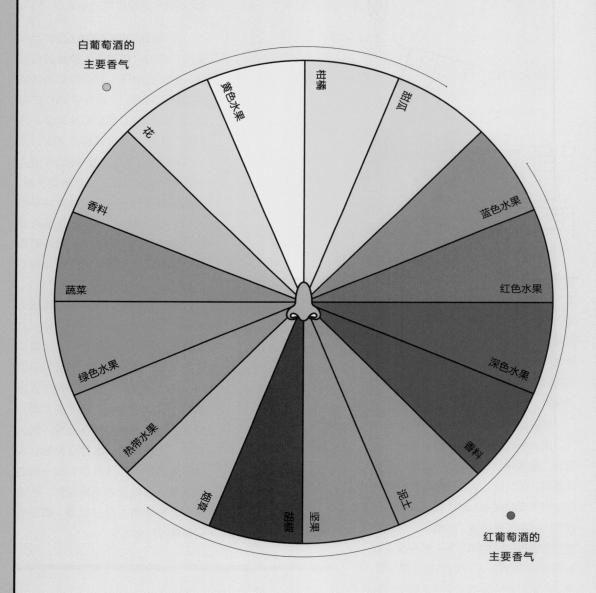

白葡萄酒的主要香气

柑橘

瓜/梨

黄色水果

花

蓝色水果

香料

红色水果

蔬菜

深色水果

绿色水果

香料

热带水果

泥土

薄荷

坚果

甜椒

红葡萄酒的主要香气

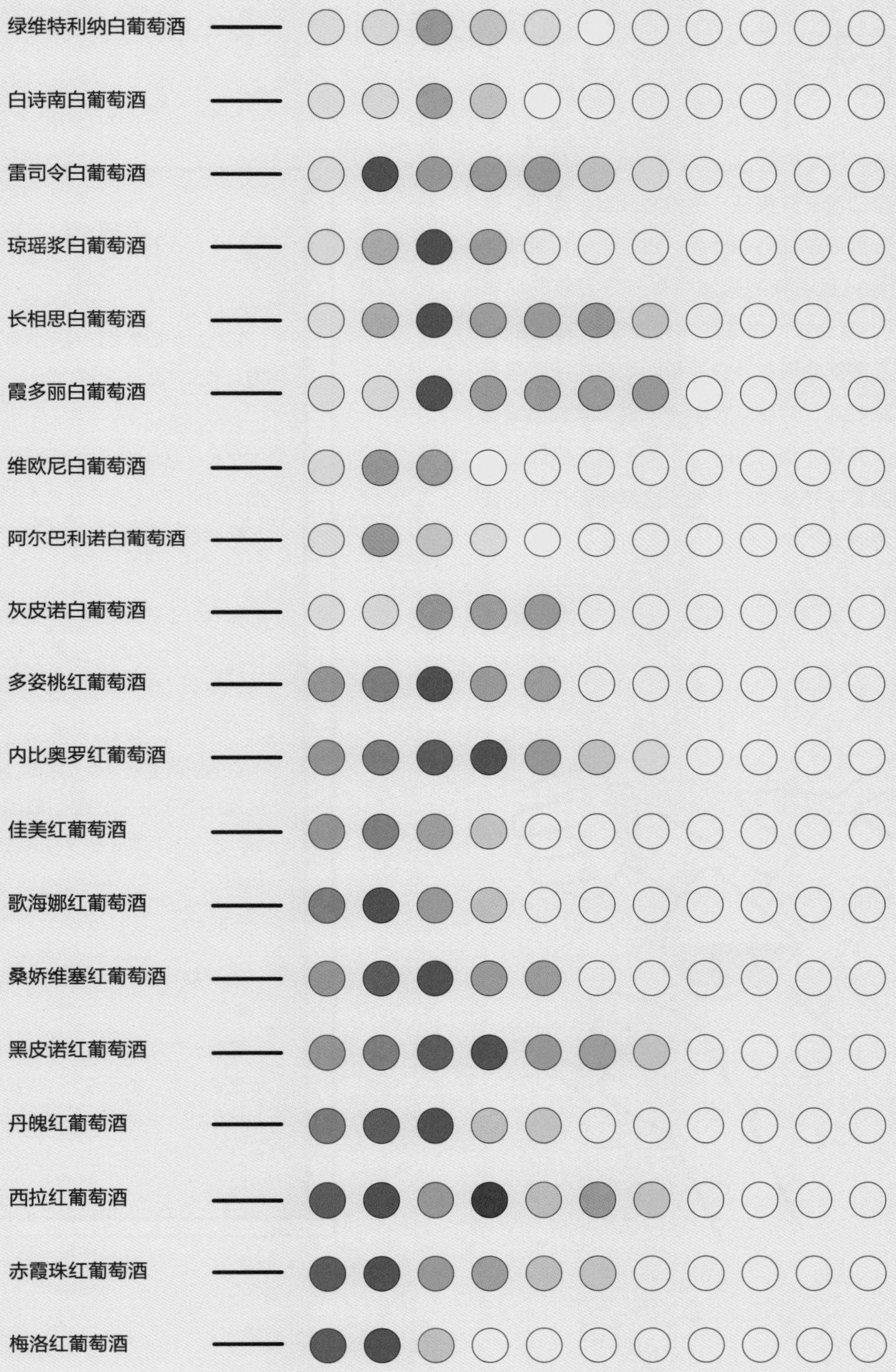

绿维特利纳白葡萄酒 ——

白诗南白葡萄酒 ——

雷司令白葡萄酒 ——

琼瑶浆白葡萄酒 ——

长相思白葡萄酒 ——

霞多丽白葡萄酒 ——

维欧尼白葡萄酒 ——

阿尔巴利诺白葡萄酒 ——

灰皮诺白葡萄酒 ——

多姿桃红葡萄酒 ——

内比奥罗红葡萄酒 ——

佳美红葡萄酒 ——

歌海娜红葡萄酒 ——

桑娇维塞红葡萄酒 ——

黑皮诺红葡萄酒 ——

丹魄红葡萄酒 ——

西拉红葡萄酒 ——

赤霞珠红葡萄酒 ——

梅洛红葡萄酒 ——

第三步：
品味

➤小啜一口葡萄酒，让酒在你的口中停留几秒，待其与整个口腔充分接触，再将酒吐出或咽下。你的舌头会告诉你这款酒的特点。我是一个有条理的品酒者，也就是说我的脑海中有一张完整的品酒"路线图"，我会按同样的顺序完成每一次的品酒。我有一张品酒问题清单，它能帮助我获得所需信息而不会头脑混乱。对品酒初学者来说，掌握品鉴葡萄酒的六大元素（第138~143页）对于描述自己对葡萄酒的喜好是非常有用的，这能让你在买酒或在餐厅点酒时省不少力气。

我的品酒
问题清单

☐ 它是甜型葡萄酒还是干型葡萄酒？残糖含量是多少？

☐ 它的酸度如何？（它在舌尖留下了刺痛感吗？它像醋一样让我酸到激灵吗？它酸到让我大量分泌唾液吗？这些问题的答案都可以用来形容酸度高低。）

☐ 它的单宁呈现得如何？是微妙圆润的，还是像能紧紧锁住舌头的浓茶一样，使整个口腔都干涩无比的？

☐ 它的酒精度是多少？咽下口中的酒并呼出第一口气后，喉咙后部产生了灼烧感还是仅有一丝温热感？

☐ 它的果味如何？

☐ 尝到的味道和闻到的气味一样吗？

☐ 最后一个问题，酒中的各个元素是否平衡？如果各个元素都能和谐相处，没有一个元素占据主导地位，那就说明这是一瓶好酒。

舌头上的味觉区间

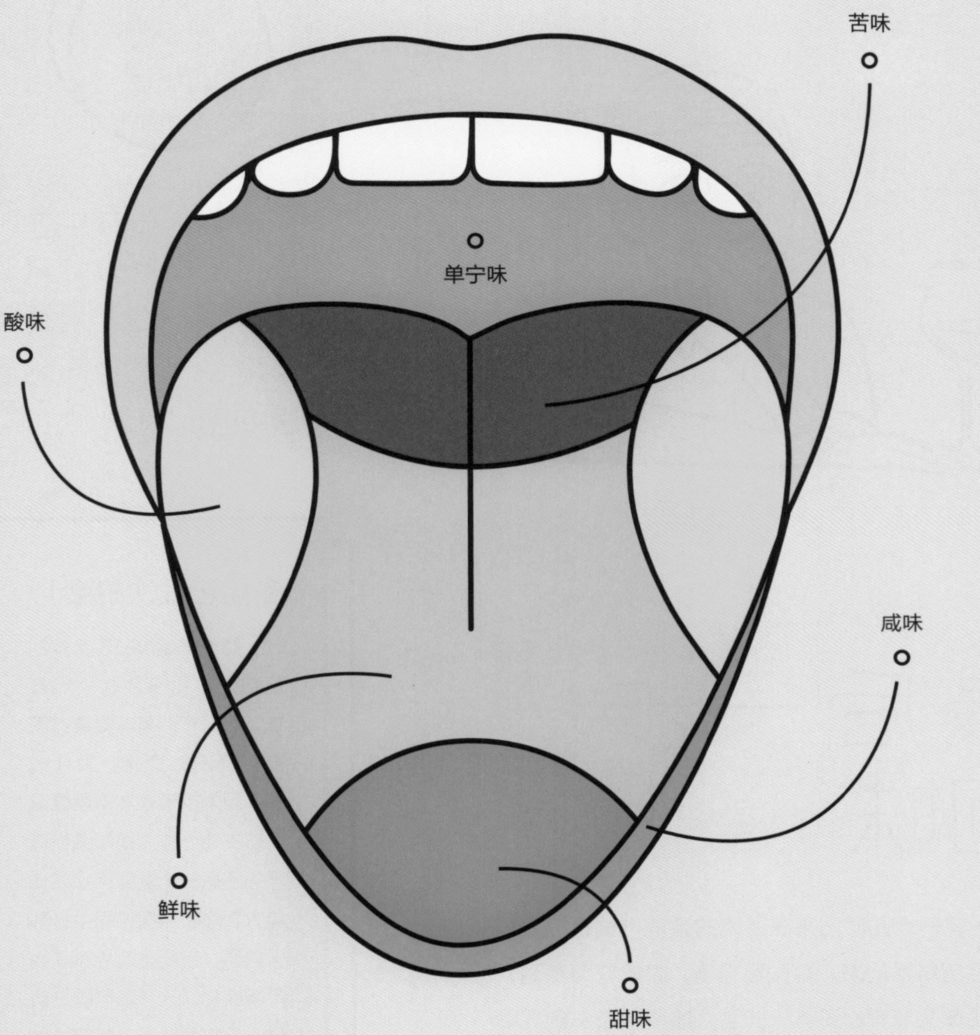

苦味

单宁味

酸味

咸味

鲜味

甜味

世界各地描述葡萄酒的词汇

→ 我们对葡萄酒风味的描述都是非常主观的，而且我们的描述用词大多都是我们在年幼时学会的，因为那时我们几乎看到任何东西（如木勺、泥土、皮革）都会往嘴里放。由于目前欧洲的葡萄酒在世界葡萄酒市场占主导地位，所以许多与葡萄酒有关的描述用词都非常欧洲化。但并非所有描述用词都必须这样，如果你在非西方国家长大，你完全可以自由地按照喜好来描述你的感受，只要你的描述用词可以唤起你对那个味道或香气的记忆就好。有些酒别人尝起来有一股草莓味，但你尝到的可能是荔枝味。这是件好事，葡萄酒术语会因此变得越来越有趣。

阿尔多
的秘密

最后，我会问自己一个问题：我愿意为这瓶酒花多少钱？这个问题的答案能使我更全面地看待这瓶酒。

最后一步：回味

➡️ 花一点儿时间来感受酒的余味，试着把它与你的经历联系起来。有些葡萄酒，如桃红葡萄酒，余味简单又清爽；还有一些酒，如陈年波尔多红葡萄酒，能令你回味无穷，它有时甚至能在你咽下或吐出它的10秒以后，在你的口中展现出更多的风味。这些酒需要你花时间和精力仔细回味，而非与友人聊天时畅饮。在葡萄酒的世界中，最重要的不是酒的口感有多强劲，而是余味有多悠长。

多给它几次机会！

即使喝到自己不喜欢的葡萄酒，我也会继续品尝它，感受它的风味随着时间推移产生的变化。为什么呢？因为拔下软木塞就像诞下新生儿一样，要知道你诞下的不是一个发育完全的成年人！你在用餐过程中打开一瓶酒，它所呈现的风味会不断变化。一开始可能是动物味（麝香味），然后是果味，之后动物味慢慢消失，一两个小时后，酒中可能出现覆盆子味。世界上没有神奇的葡萄酒风味时间表或公式，只有不断尝试才能得出结论。

品鉴葡萄酒的
六大元素

1. 酸度

这是葡萄酒的基本元素之一。酒中的酸味可能是柠檬或酸橙的味道，可能是澳洲青苹果的味道，也可能是金冠苹果那种口感圆润但微酸的味道。一般情况下，我在形容一款酒的酸度和清爽度时，会重点关注酸味是否充分融入葡萄酒。拿年轻的内比奥罗红葡萄酒或年轻的雷司令白葡萄酒来说，它们的酸度和单宁含量通常较高，品酒时，我的味蕾没有充足的时间来感受酒中的果味。侍酒师将葡萄酒的这种特点描述为"风味闭塞"。（这两种葡萄酒适合陈化，因为陈化后它们的风味能更好地释放。）

夏布利白葡萄酒和香槟酒的酸度可以用"明亮而活泼"来形容。在较寒冷产区的白葡萄酒中，这种酸度很常见，这些葡萄酒残糖含量极低，带有雅致、清新的水果味。

葡萄酒发酵得越彻底，残糖含量越低，酸度就越高；而葡萄酒发酵得越不彻底，残糖含量越高，酸度就越低。这和为了让柠檬汁喝起来不那么酸而往里面加糖是一个道理。

酸度高的葡萄酒更适合配餐。你可以这么想：酒中的酸味能中和食物中脂肪的油腻感，而酒中的残糖可以给食物提味。

（按酸度从高到低排列）

香槟酒

雷司令白葡萄酒

白诗南白葡萄酒

夏布利白葡萄酒

阿尔巴利诺白葡萄酒

慕斯卡德白葡萄酒

桑塞尔白葡萄酒

勃艮第白葡萄酒

霞多丽白葡萄酒

（产自加利福尼亚州，圣塔芭芭拉）

内比奥罗红葡萄酒

佳美红葡萄酒

黑皮诺红葡萄酒（产自勃艮第）

西拉红葡萄酒（产自北罗讷河谷）

里奥哈红葡萄酒

品丽珠红葡萄酒

波尔多左岸红葡萄酒

绿维特利纳白葡萄酒

长相思白葡萄酒

（产自新世界的国家或产区）

霞多丽白葡萄酒

黑皮诺红葡萄酒（产自索诺马县）

维欧尼白葡萄酒（产自孔得里约）

玛珊白葡萄酒、瑚珊白葡萄酒、玛珊-瑚珊混酿白葡萄酒

赤霞珠红葡萄酒（产自华盛顿州）

仙粉黛红葡萄酒

马尔贝克红葡萄酒

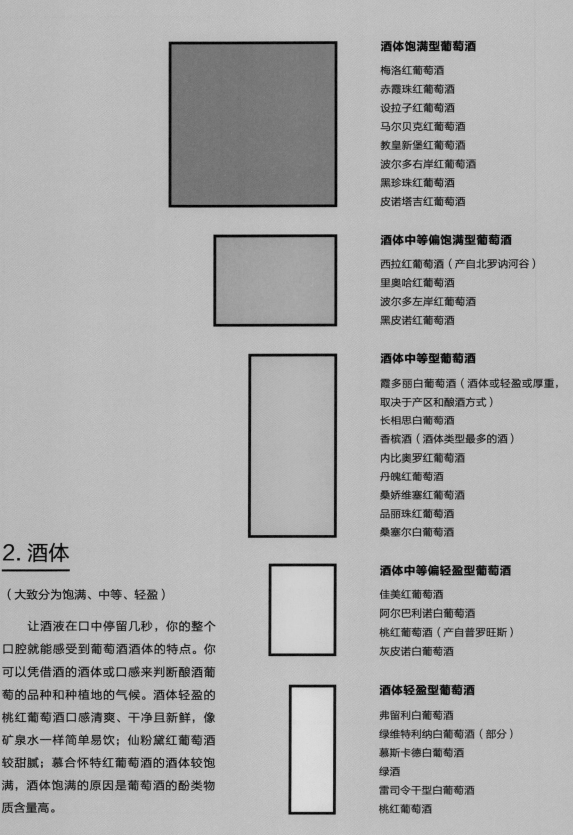

酒体饱满型葡萄酒

梅洛红葡萄酒

赤霞珠红葡萄酒

设拉子红葡萄酒

马尔贝克红葡萄酒

教皇新堡红葡萄酒

波尔多右岸红葡萄酒

黑珍珠红葡萄酒

皮诺塔吉红葡萄酒

酒体中等偏饱满型葡萄酒

西拉红葡萄酒（产自北罗讷河谷）

里奥哈红葡萄酒

波尔多左岸红葡萄酒

黑皮诺红葡萄酒

酒体中等型葡萄酒

霞多丽白葡萄酒（酒体或轻盈或厚重，
取决于产区和酿酒方式）

长相思白葡萄酒

香槟酒（酒体类型最多的酒）

内比奥罗红葡萄酒

丹魄红葡萄酒

桑娇维塞红葡萄酒

品丽珠红葡萄酒

桑塞尔白葡萄酒

酒体中等偏轻盈型葡萄酒

佳美红葡萄酒

阿尔巴利诺白葡萄酒

桃红葡萄酒（产自普罗旺斯）

灰皮诺白葡萄酒

酒体轻盈型葡萄酒

弗留利白葡萄酒

绿维特利纳白葡萄酒（部分）

慕斯卡德白葡萄酒

绿酒

雷司令干型白葡萄酒

桃红葡萄酒

2. 酒体

（大致分为饱满、中等、轻盈）

　　让酒液在口中停留几秒，你的整个口腔就能感受到葡萄酒酒体的特点。你可以凭借酒的酒体或口感来判断酿酒葡萄的品种和种植地的气候。酒体轻盈的桃红葡萄酒口感清爽、干净且新鲜，像矿泉水一样简单易饮；仙粉黛红葡萄酒较甜腻；慕合怀特红葡萄酒的酒体较饱满，酒体饱满的原因是葡萄酒的酚类物质含量高。

3. 酒精度

　　酒精就像葡萄酒的"脂肪"。你是不是没想过这种比喻？酒精相当于葡萄酒的风味增强剂。如果酒精度过高，你很容易就会喝醉，而且你的口中会有一种灼烧感。酒精度较低的博若莱红葡萄酒口感清淡；酒精度较高的纳帕谷赤霞珠红葡萄酒口感浓郁醇厚，因为酒精能带来饱满、强劲的口感，而这款酒天鹅绒般柔滑的质地也使其较易饮。饮用酒精度高的葡萄酒后，你的喉咙后部会有灼烧感，所以人们会用"辛辣"来形容酒精度高的酒。

　　用含糖量高的葡萄酿的酒的酒精度都比较高（13.5% vol~16% vol），而葡萄酒的酒精度高表明酿酒葡萄产自气候温暖的产区。近些年，由于人们愈发重视健康问题，许多酿酒商也开始酿造一些低度葡萄酒，就连加利福尼亚州这种盛产高度葡萄酒的产区也开始顺应这一趋势。要知道，这里曾经出产过酒精度高达 16.5% vol 的葡萄酒。

（按酒精度从高到低排列）

仙粉黛红葡萄酒

慕合怀特红葡萄酒

歌海娜红葡萄酒

纳帕谷赤霞珠红葡萄酒（部分）

波尔多右岸梅洛红葡萄酒

布鲁奈罗葡萄酒

黑珍珠红葡萄酒

杜埃罗河岸葡萄酒

托罗红葡萄酒

设拉子红葡萄酒

马尔贝克红葡萄酒

琼瑶浆白葡萄酒

维欧尼白葡萄酒

白诗南白葡萄酒

霞多丽白葡萄酒

绿维特利纳白葡萄酒

灰皮诺白葡萄酒（产自阿尔萨斯）

桑塞尔白葡萄酒

夏布利白葡萄酒

雷司令白葡萄酒（酒精度高低取决

于酿酒方式）

阿尔巴利诺白葡萄酒

灰皮诺白葡萄酒

香槟酒

桃红葡萄酒

慕斯卡德白葡萄酒

绿酒

141

4. 单宁

在人的口腔中，用来感知苦涩的单宁的味蕾位于舌头中部。有些人认为单宁含量与葡萄酒的甜度密切相关，实际上你嘴巴发干、想要喝水是由单宁本身的口感导致的，单宁的含量并不会影响酒的甜度。受葡萄汁、葡萄皮和葡萄籽的比例影响，年轻的巴罗洛葡萄酒和年轻的波尔多葡萄酒可能单宁味过重，但陈化后它们口感柔和。如果因酿酒师在酿酒过程中使用了未成熟的绿色葡萄籽而非成熟的棕色葡萄籽，从而导致这款酒口感粗糙，那么这款酒即使陈化再长时间也无法改善口感。

5. 甜度

（大致分为干型、半干型、甜型）

简单地说，干型是甜型的反义词，半干型则介于二者之间。感受甜度的味蕾位于舌尖。一款葡萄酒尝起来不甜并不代表它不含残糖。含残糖是因为酒中的酵母菌不足以分解全部的糖，而且如果酒中有足够的酵母菌去将糖完全转化为酒精，那么这款酒会非常难喝。我们对干型葡萄酒和半干型葡萄酒的感知往往受酸度的影响。（我们通常认为酸度很高的香槟酒是干型的，残糖含量极低。其实香槟酒的残糖含量较高，一般情况下，一瓶香槟酒约含 10 克残糖。）

（按单宁含量从高到低排列）

内比奥罗红葡萄酒

赤霞珠红葡萄酒

佳美娜红葡萄酒

桑娇维塞红葡萄酒

黑皮诺红葡萄酒

（产自旧世界的国家或产区）

丹魄红葡萄酒

歌海娜红葡萄酒

梅洛红葡萄酒

马尔贝克红葡萄酒

巴贝拉红葡萄酒 / 多姿桃红葡萄酒

佳美红葡萄酒

黑皮诺红葡萄酒

（产自新世界的国家或产区）

仙粉黛红葡萄酒

如果葡萄酒单宁味过重，可以通过醒酒让它多与氧气接触一会儿，使酒中的果味更快地散发出来。详情见第 194 页。

6. 风味

　　还记得我在第 132 页提到的那些风味吗？现在是时候检测它们在你的舌头上会如何呈现了。你对风味和香气的描述和感受都是非常主观的，一般来自你的记忆与经历。因此，你不必过分追求所谓的专业化表达方式，不必和纪录片《侍酒师》里的人物一样，说出"像切开的网球和灌溉用的橡胶软管"这样的话。但如果你所品尝的葡萄酒真的唤起了你的这种回忆，顺从你的内心就好。风味谱系是无穷无尽的。我在下文中列出了一些基本的风味类型。注意，有时葡萄酒的风味并非来自酿酒葡萄本身，比如矿物味是酿酒葡萄生长的土壤赋予葡萄的，橡木味则是陈化葡萄酒使用的橡木桶赋予葡萄酒的。

香料味

　　我喜欢把香料味分为两种：柔和香料味（如薄荷味和百里香味）和木调香料味（如迷迭香味和桉树叶味）。

水果味

　　你品尝的葡萄酒是带有草莓、覆盆子、樱桃、红布林和红醋栗这些红色水果味的，还是带有李子、黑莓、黑醋栗、黑樱桃和橄榄这些深色水果味的？（还有些葡萄酒带有果酱味或果脯味。）

矿物味

　　这是一个使用频率非常高的词。矿物味一般来自葡萄生长的土壤，具体包括潮湿的石头味、火山岩味、粉笔味、沥青上的雨水味以及熄灭的篝火散发出的冷烟味等。你应该能理解我的意思。葡萄酒行业有这样一种说法：美国的侍酒师品味，欧洲的侍酒师品土壤。这一说法用在我身上倒也没错，我确实侧重于品味酒中的土壤味，因为它能帮助我更好地判断酒的产区。

泥土味

　　蘑菇味、松露味、皮革味、落叶味……它们都属于泥土味。

橡木味

　　这也是一个常见的描述用词。橡木味是由葡萄酒在橡木桶或放了橡木片的酒桶中陈化而产生的。它包括香草味、点燃的柴火散发出的暖烟味、烤面包味和莳萝味（多出现在使用美国橡木桶或橡木片进行陈化的葡萄酒中）等。

按喜好、
心情和场合
享用葡萄酒

喜好专题酒单

我经常听到"我喜欢……"或"我想找……"这些话。下面是一些比较常见的、顾客们根据个人喜好做的表述，以及我根据这些表述推荐的葡萄酒。我先说宏观建议，再推荐具体的酒。

	我喜欢……	宏观建议	推荐酒
1	酒体饱满的红葡萄酒	赤霞珠红葡萄酒、马尔贝克红葡萄酒或仙粉黛红葡萄酒	● 卢卡酒庄马尔贝克红葡萄酒
2	有意思的、独特的红葡萄酒	自然酒	● 让-弗朗索瓦·加内瓦特（Jean-François Ganevat）酒庄红葡萄酒
3	实惠的红葡萄酒	西班牙的红葡萄酒	● 奥利维尔·里维埃（Olivier Rivière）酒庄的阿尔兰萨巴利亚达（Arlanza La Vallada）红葡萄酒
4	极干型白葡萄酒	凉爽的地区，比如慕斯卡德产区、下海湾产区和索诺马海岸出产的葡萄酒	● 佩皮埃（Pépière）酒庄的正牌奥尔托简妮斯慕斯卡德（Orthogneissmuscadet）白葡萄酒
5	酒体饱满的白葡萄酒	白歌海娜白葡萄酒	● 邦尼顿（Bonny Doon）酒庄的雪茄白歌海娜（Le Cigare Blanc grenache）白葡萄酒
6	有橡木味的白葡萄酒	纳帕谷霞多丽白葡萄酒	● 帕兹·霍尔（Patz & Hall）酒庄的白葡萄酒
7	低度白葡萄酒	维欧尼白葡萄酒	● 伊夫·屈耶龙（Yves Cuilleron）酒庄的维欧尼白葡萄酒
8	酒液混浊的白葡萄酒	用双耳细颈黏土酒罐发酵的葡萄酒	● COS酒庄的披索（Pithos）干白葡萄酒
9	有矿物味的白葡萄酒	欧洲的白葡萄酒	● 路易斯·米歇尔父子酒庄的夏布利白葡萄酒
10	有点儿咸的白葡萄酒	阿尔巴利诺白葡萄酒或者地中海白葡萄酒	● 福佳思（Forjas）酒庄的莱拉纳阿尔巴利诺（Leirana albariño）白葡萄酒

心情专题酒单

我常说我在家喝酒比较情绪化，但我并不是一个可怕的醉汉，我的意思是环境的变化或回家路上交通不便这些事情都会影响我对酒的选择，而且这种影响甚至大过美食的影响。

	心情	宏观建议	推荐酒
1	天气闷热，我想喝口感清爽的酒	阿尔巴利诺白葡萄酒、桃红葡萄酒（长岛地区出产的）、圣托里尼岛的酒	● 加亚酒庄的地中海阿斯提可白葡萄酒
2	我需要一款有助于我专心思考的酒	北罗讷河谷的西拉红葡萄酒、年份较久的皮耶蒙泰塞红葡萄酒、马沙拉酒	● 马尔科·巴尔托利（Marco De Bartoli）酒庄的10年特级珍藏级无年份马沙拉酒（Marsala Superiore 10-Year Riserva，NV）
3	终于度过了超级漫长的一天，我想稍微奢侈一下	香槟酒	● 路易王妃酒庄的起泡酒
4	秋高气爽，我度过了完美的一天	皮埃蒙特北部巴罗洛的葡萄酒	● 安东尼奥·瓦拉纳父子（Antonio Vallana e Figlio）酒庄的内比奥罗红葡萄酒
5	外面在下暴风雪！救命啊！	香槟酒	● 克里斯托夫·米尼翁（Christophe Mignon）酒庄的莫尼耶皮诺香槟酒
6	我想喝瓶好酒，但不想花时间挑选	波尔多红葡萄酒、加利福尼亚州黑皮诺红葡萄酒、托斯卡纳红葡萄酒	● 克伦德宁家族酒庄的"皮普"（"The Pip"）黑皮诺红葡萄酒
7	我想寻找自然气息	在陶罐中发酵的葡萄酒、弗留利白葡萄酒、自然起泡酒	● 比基（Bichi）酒庄的非智人（No Sapiens）葡萄酒

如果你喜欢葡萄酒X，那你可以试一下葡萄酒 Ⓨ，
然后逐渐尝试葡萄酒 Ⓩ 。

X ▶ Y ▶▶ Z

白葡萄酒

绿维特利纳白葡萄酒 ▷ 灰皮诺白葡萄酒 ▷▷ 阿尔巴利诺白葡萄酒

纳帕谷长相思白葡萄酒 ▷ 南非长相思白葡萄酒 ▷▷ 波尔多白葡萄酒

勃艮第白葡萄酒 ▷ 圣塔芭芭拉霞多丽白葡萄酒 ▷▷ 格德约白葡萄酒

加利福尼亚州霞多丽白葡萄酒 ▷ 澳大利亚霞多丽白葡萄酒 ▷▷ 意大利霞多丽白葡萄酒

灰皮诺白葡萄酒 ▷ 皮埃蒙特阿内斯白葡萄酒 ▷▷ 阿根廷特浓情白葡萄酒

新西兰长相思白葡萄酒 ▷ 奥地利长相思白葡萄酒 ▷▷ 上阿迪杰长相思白葡萄酒

红葡萄酒

阿根廷马尔贝克红葡萄酒 ▷ 加利福尼亚州仙粉黛红葡萄酒 ▷▷ 朗格多克-鲁西永佳丽酿红葡萄酒

波尔多赤霞珠红葡萄酒 ▷ 超级托斯卡纳葡萄酒 ▷▷ 北罗讷河谷西拉红葡萄酒

黑皮诺红葡萄酒 ▷ 西班牙歌海娜红葡萄酒 ▷▷ 皮埃蒙特北部内比奥罗红葡萄酒

博若莱新酒 ▷ 墨贡村红葡萄酒 ▷▷ 皮诺塔吉红葡萄酒

梅洛红葡萄酒 ▷ 佳美娜红葡萄酒 ▷▷ 上阿迪杰特洛迪歌红葡萄酒

西拉红葡萄酒 ▷ 萨克拉河岸门西亚红葡萄酒 ▷▷ 奥地利蓝佛朗克红葡萄酒

起泡酒

大牌香槟酒 ▷ 酒农香槟酒 ▷▷ 克莱芒起泡酒

场合专题酒单

我们经常根据场合选择喝什么葡萄酒：你不会在吃烧烤时喝波尔多红葡萄酒，也不会在庆祝自己的 30 岁生日时喝普洛塞克起泡酒（我希望大家不是这样做的）。

	场合	宏观建议	推荐酒
1	菜单不对外公开的晚宴	绿维特利纳白葡萄酒、克莱芒起泡酒	● 弗雷德·洛伊默（Fred Loimer）酒庄的绿维特利纳干白葡萄酒
2	鸡尾酒派对	普洛塞克起泡酒、桃红葡萄酒、夏布利白葡萄酒	● 恬宁酒庄的桃红葡萄酒
3	野餐	酒体轻盈的红葡萄酒，如博若莱新酒和桑娇维塞红葡萄酒	● 塞罗尔酒庄的艾科列·德格拉尼特干红葡萄酒
4	感恩节	索诺马海岸的酒体轻盈的黑皮诺红葡萄酒，佳美红葡萄酒，酒体轻盈的仙粉黛红葡萄酒	● 夏克拉（Chacra）酒庄的巴达（Barda）黑皮诺红葡萄酒
5	周二的日常生活中	有意思的酒	● 费尔西纳酒庄的经典基安蒂酒
6	周日晚上吃炖菜时	西班牙的酒体饱满的红葡萄酒	● 佩西尼亚（Peciña）酒庄的里奥哈佳酿级红葡萄酒
7	劳动节	美国桃红葡萄酒	● 露露颂酒庄的桃红葡萄酒

各种场合的最佳选择

经济实惠型（$）和奢侈型（$$$）

▽	▼	▽	▼	▼
生日派对	大型生日聚会	别墅聚会	去别人家做客时，给主人的礼物	野餐，吃烧烤
($) 1.5 L大瓶装莱文多斯酒庄起泡酒很不错！	($) 沙山酒庄圣塔芭芭拉霞多丽白葡萄酒	($) 维耶蒂帕巴可内比奥罗红葡萄酒	($) 费尔西纳酒庄经典基安蒂酒	($) 拉皮埃尔高卢干型红葡萄酒
($$$) 1.5 L大瓶装库克酒庄香槟酒	($$$) 约瑟夫·德鲁安默尔索白葡萄酒	($$$) 伯恩哈德·奥特酒庄法斯4绿维特利纳干型白葡萄酒	($$$) 嘉雅酒庄巴巴莱斯科干型红葡萄酒	($$$) 让-路易·沙夫酒庄圣约瑟夫红葡萄酒

葡萄酒

迷思

大揭秘！

☒

酒液颜色越浅，酒体就越轻盈。

这种说法是错误的。有些黑皮诺红葡萄酒的酒液颜色较浅，透明度高，但它的酒精度高达14% vol。

☒

酒瓶越重，酒的质量就越好。

这纯粹是商家的营销手段！虽然更重的酒瓶看上去更昂贵，但它并不能告诉你里面的酒质量如何。商家没有将成本用在酒上，而用在了酒瓶上。

☒

醒酒时间越长，酒的口感就越好。

不是这样的。你可以看看本书第194~195页有关醒酒的内容。一旦葡萄酒开始与氧气接触，葡萄酒发生的任何变化就都是不可逆的。

☒

用螺旋盖封口的葡萄酒质量较差。

不一定！事实上，对酿酒师来说，软木塞更有可能污染葡萄酒。

☒

所有霞多丽白葡萄酒口感都如黄油般细腻，而且橡木味很重。

这是错误的。霞多丽葡萄风格多变，霞多丽白葡萄酒的风格如何取决于酿酒师。就像厨师使用某种原料烹饪一样，菜肴的味道如何取决于他如何使用这种原料。

☒

购买昂贵的大牌葡萄酒是值得的。

不一定。喝一瓶150美元的大牌葡萄酒并不一定能使你的生活质量有所提高。大多数情况下，这种酒需要陈化后饮用，所以你如果在购买后立刻打开它，你可能不喜欢它的味道。至于价格方面，我更想探索一些不太为人所知的产区和葡萄，寻找性价比更高的酒。

☒

白葡萄酒不适合陈化。

这是错误的。大多数白葡萄酒，特别是价格较低的白葡萄酒，确实不适合陈化，最好在装瓶后一到两年内喝完。但琼瑶浆白葡萄酒、白诗南白葡萄酒、夏布利白葡萄酒和雷司令白葡萄酒这些风味复杂的葡萄酒陈化后口感更好，其中有一些甚至可以陈化10年以上。

点酒和买酒

▶看到这里，你已经知道如何更好地与侍酒师或售货员沟通，让他们帮你找到价格合适又合你胃口的葡萄酒了。哪怕你那时候忽然忘记读过的内容，也不要惊慌，记住，与其假装自己是罗伯特·帕克那样的知名葡萄酒评论家，不如坦然地说自己是个初学者。至少你不会说出"我不喜欢霞多丽白葡萄酒，但我喜欢勃艮第白葡萄酒"这种令人尴尬的话。（它们是同一种酒！你可以复习一下第 43 页的内容，避免混淆。）买一瓶酒而已，不要过度纠结！你可能买了一瓶不喜欢的酒，但也只花了 50 美元，并非花很多钱买了一辆车。

▽ 说出你喜欢什么。

你有许多形容词或相关经历可以描述葡萄酒的风味，也会因葡萄酒的风味而联想到许多不同的地区或产区。你可以把这些描述用词串联起来，从而找到你心中的那瓶酒。

小贴士

为你喜欢的酒拍张照片并保存在手机相册里，以便随时查看。

"我喜欢酒体轻盈，明快，带有矿物味的白葡萄酒。我朋友去年夏天从希腊带回来一瓶这样的酒，喝起来没有一丝果味。你这里有这样的酒吗？"

"我不喜欢梅洛红葡萄酒和设拉子红葡萄酒，因为它们口感强劲、酒体厚重，你能推荐一款酒体比较轻盈的红葡萄酒吗？"

"我很喜欢加利福尼亚州的赤霞珠红葡萄酒，但我想尝尝更新奇的酒！"

"我很喜欢这款酒。（见右上角的小贴士）这款酒看起来有点儿混浊，酒中有一些小气泡，酒的口感很奇妙。"

说出你的预算。

最简单的选酒方式就是直接说出你的预算。你如果觉得这么做有些尴尬，可以询问同等价位的两三款葡萄酒的信息："（指着一瓶 45 美元的灰皮诺白葡萄酒）这瓶酒如何？（再指着一瓶 60 美元的酒）那这瓶酒如何呢？"

小贴士

请尽量不用"果味"这个词来描述白葡萄酒，因为有些侍酒师可能将其理解为"甜"，所以你可能最终喝到一款你不喜欢的雷司令白葡萄酒。你可以用"香气浓郁"来形容长相思白葡萄酒。

■ 说出你要搭配的食物。

适合搭配三文鱼的和适合搭配金枪鱼的葡萄酒是不同的。你如果在一家葡萄酒专卖店寻找一瓶晚餐时喝的酒，一定要告诉售货员你晚餐要吃的食物。售货员非常愿意迎接挑战！我的搭档克里斯汀经常把她的晚宴菜单和预算报给当地的某家葡萄酒专卖店，然后让她的客人去那家店亲自挑选配餐的酒，这样做既让客人参与其中，还让大家都满意。当然，在餐厅里选酒更容易。

葡萄酒的价格

向阿尔多提问

影响葡萄酒价格的因素有哪些？

包装材料：

▷ 酒瓶
▷ 软木塞
▷ 酒标

生产因素：

▷ 人工成本
▷ 酒庄地形（地形越陡峭，酿酒师的工作量就越大）
▷ 酒的产量（该款葡萄酒的稀有程度）
▷ 酿酒设备的规模
▷ 是否使用橡木桶

运输费用、进口费用、供应链费用、各项税费和海关费用：

葡萄酒行业里没有史蒂夫·乔布斯，想在这个行业里赚点儿小钱，你要先投入一大笔钱。

基本因素

▪ 为什么有些葡萄酒每瓶售价高达几千美元？

人工成本、土地价格、市场需求，以及葡萄酒的稀有程度或标志性因素（比如某些特定年份的好酒、膜拜酒、限量款）。虽然定价权在酒庄手中，但是利润并非全部归酒庄所有，因为中间有销售环节，很少有酒庄直接卖酒给消费者。

● 一般来说，葡萄酒的价格和价值相符吗？

这个问题真的很难回答！你会发现，价格越高的葡萄酒，风味呈现就越复杂、越有层次感（对饮酒者的要求也就越高）。如果你想问"在买酒时，面对 50 美元的酒和 20 美元的酒，是否可以买那瓶贵的？"，我的答案是"可以，但要视情况而定"。价格更高的酒呈现的风味可能更复杂，但有时你可能只想喝一瓶简单易饮的酒来放松一下身心。每瓶售价 20 美元的酒其实已经很不错了，尤其是在一些新兴产区，用 20 美元可以买到一瓶很棒的酒。总而言之，买什么价位的酒完全取决于你的口味偏好和你当时的需求。

▲ 如果没有随身携带非常详细的酒庄地图，怎么判断哪些酒是好酒呢？

现在网络发达，你可以随时对比不同商店的葡萄酒价格。但你很难比较某些葡萄酒陈化后的表现。

葡萄酒价格的经验法则

12美元以下
这些酒适合用来烹饪。

15~20美元
这些酒简单易饮，适合开怀畅饮！

20~25美元
这一价格区间内有许多质量很好的葡萄酒，尤其是一些新兴产区的酒，质量相当不错。

50~75美元
能买到一些知名酒庄的好酒。

75~100美元
这些酒味道好极了！可以用来犒劳自己。

100美元以上
奢侈！但要当心，不要把你的味觉宠坏。

记住，当你把目光投向那些高档葡萄酒产区之外时，你就能发现物超所值的葡萄酒。

超值好酒
（性价比极高的酒）

☐ 西班牙红葡萄酒和白葡萄酒

☐ 葡萄牙红葡萄酒和白葡萄酒

☐ 卢瓦尔河谷白葡萄酒

☐ 法国中央产区（侯安丘）葡萄酒

☐ 萨瓦白葡萄酒

☐ 北罗讷河谷红葡萄酒

☐ 圣托里尼岛白葡萄酒

☐ 所有你知道的欠发达地区的葡萄酒（许多酿酒师逐渐向这些地区转移）

☐ 陈年雷司令白葡萄酒

☐ 雪莉酒

☐ 绿维特利纳白葡萄酒

☐ 西西里岛红葡萄酒

☐ 克莱芒起泡酒

☐ 美国圣塔芭芭拉和圣克鲁斯山的葡萄酒

☐ 智利的葡萄酒，如伊塔塔河谷和比奥比奥河谷的酒

☐ 加那利群岛的红葡萄酒和白葡萄酒

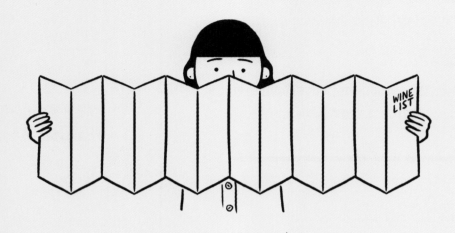

在餐厅点酒

➤不要害怕！虽然你可能感觉我在说风凉话，但事实如此。你来餐厅花钱买服务，所以为何不多体验一些呢？毕竟侍酒师的职责就是了解酒单上所有的酒，以及菜单上所有的菜，还有最重要的——如何搭配它们。你的任务就是尽可能清楚地将你的偏好和预算告诉侍酒师。

你如果在聚餐时负责点酒，那就先花点儿时间来了解你的朋友喜欢什么酒。跟他们聊天，了解他们的喜好以及他们能接受的最高价位。当别人都想点一瓶便宜的红葡萄酒时，不要做点昂贵的香槟酒这样的蠢事。

▲ 因酒的价格而有所顾虑时，可以用手指来指。

一条流传已久的黄金法则：当你与侍酒师对话时，可以用手指指着酒单上的价格说"我想买这个价位的酒"。这样，你的约会对象就不知道你究竟花了多少钱。

尽量避免的问题

○ 不要说"X 美元左右"，因为侍酒师一般会向你推荐高出该价格 20% 的葡萄酒。你可以换种表达方式，说"请推荐一瓶 X 到 Y 美元的葡萄酒"，或给出一个最高价格，说"该价格以下的葡萄酒"。

○ 不要说"价格中等"。对一些高级餐厅的侍酒师来说，价格中等的酒每瓶售价约为 200 美元！这种因理解不同造成的误会可能导致你在美妙的晚餐结束后，因超高账单而心痛不已。

■ 说些有神奇力量的话。

你可以问侍酒师"最让你感到兴奋的是哪款酒？"或"现在哪款酒比较好？"。他们会告诉你最能令他们感到骄傲的葡萄酒。而且你可能有一些有趣的发现，并结识新朋友。告诉他们你喜欢的风格和你的预算，然后把重任交给他们，让他们向你展示他们的选择。当我和我的伴侣在一些酒单比较长的餐厅吃饭时，我喜欢这么做。

● 告诉服务员或侍酒师你想吃的食物。

这可能让你有些困惑，因为目前大多数餐厅的服务员会在你点餐之前给你酒单。但你在点酒之前，最好花一两分钟看看菜单。如果同行四人，两人打算吃鱼，另外两人打算吃牛排，就不适合在点菜前点酒了，除非点一瓶香槟酒这样百搭的酒。你可以先点一瓶香槟酒或口感激爽的白葡萄酒作为餐前酒，边喝边点餐，它能刺激你的味蕾，调节餐桌上的气氛，还能让你有更多的时间看菜单！

▼ 做好功课。

如果你想在约会对象或客人面前表现自己，那你有两个选择。第一个选择是提前在网上查阅那家餐厅的酒单和菜单，确认自己想点的菜和葡萄酒，顺便准备一两个备选方案。注意，餐厅的酒单一般不会像菜单一样频繁变更。第二个选择是提前 20 分钟到达餐厅，先跟侍酒师交谈，敲定一款红葡萄酒和一款白葡萄酒供你过会儿选择。等待约会对象或客人的时候，你可以喝杯香槟酒缓解一下紧张的情绪。

如何在酒单上找到合适的酒

➡️ 侍酒师最不喜欢的问题大概就是"你们的酒单上哪款酒最好？"。有一次，一位顾客问我这个问题，我当时开玩笑地给他指了指一款超稀有的、售价高达 10，000 美元的 1.5 L 大瓶装罗曼尼－康帝酒庄蒙哈榭白葡萄酒。他说："你疯了吗？"我回答："恕我直言，您问的是哪款酒最好，这就是我们这里最好的酒。在任何一场拍卖会上，一瓶罗曼尼－康帝酒庄的酒都不会低于 15，000 美元，所以算起来您还省了 5，000 美元。而且，如果开瓶后酒有霉塞味，您可以退货。先生，这就是我们这里最好的酒。"

但说真的，对我来说，在餐厅点酒的话，选择每瓶售价为 65~90 美元的酒比较稳妥。但你不要因为一瓶酒仅售 50 美元就觉得它是凑数的。事实恰恰相反。任何人花 300 美元都能买到一瓶好酒，但是经中间商层层加价后，每瓶仅售 50 美元的好酒，是必须花费时间和精力才能找到的。优秀的侍酒师非常喜欢这种挑战！

话虽如此，但考虑到酒的质量，我不建议你在美国的餐厅里点价格低于 35 美元的整瓶装葡萄酒。你可以按杯点酒，花同样的钱品尝更优质的葡萄酒。

◯
掌握游戏规则
不要选最贵的酒，也不要选最便宜的酒。选择价格中等的葡萄酒，一般不会出错。

你如果想奢侈一把，可以选择去下面这八家知名的酒窖餐厅

拉辛斯（Racines）餐厅，位于美国纽约

丹尼尔（Daniel）餐厅，位于美国纽约

弗拉斯卡（Frasca）食品与葡萄酒公司，位于美国科罗拉多州博尔德市

赛松（Saison）餐厅，位于美国旧金山

天竺葵（Geranium）餐厅，位于丹麦哥本哈根

银塔（La Tour d'Argent）餐厅，位于法国巴黎

科堡宫（Palais Coburg）酒店，位于奥地利维也纳

罗卡之家（El Celler de Can Roca），位于西班牙赫罗纳

向阿尔多提问

餐厅没有侍酒师怎么办？

在任何餐厅，只要有卖酒的服务员，我就有办法解决这个问题。我会询问服务员顾客对店里哪一款酒的评价最好。你可能不会有新发现，但一般不会买错酒。

按杯点酒的小贴士

展现你的热情。

多提问！让侍酒师知道你对葡萄酒很感兴趣。无论是与侍酒师交谈，还是在葡萄酒专卖店买酒，你都要建立这种人与人之间的联系。如果你对葡萄酒充满好奇与激情，并且谦虚好学，对方会非常乐意帮助你。我曾不止一次地请一些充满激情的葡萄酒初学者喝吧台酒架上的顶级葡萄酒，因为我知道他们有一颗想了解葡萄酒的心。

问问有没有开瓶后没喝完的特别的酒。

有时顾客开了一瓶酒却发现不喜欢，就会退货。其中有些酒质量很不错。这给了你品尝好酒的机会，只花一点儿钱就可以品尝到很贵的酒。

问问侍酒师他 / 她现在喝的是哪一款酒。

这相当于给了侍酒师一个机会去炫耀酒单上的时髦单品。这款酒一定能点燃你的激情！

不喜欢？你可以退货，并给出一些有建设性的意见。

你可以说"这款酒的甜度没有达到我的预期""它太干了 / 太芳香了 / 风味过于复杂"等，并询问"你能给我倒一杯其他酒吗？"。至于你具体可以退多少次，并没有明确的规定，但我建议最多四次，退货太多次是非常不礼貌的行为。

没错，恕我直言，在酒的品质方面，每杯售价 20 美元的葡萄酒确实比每杯售价 12 美元的葡萄酒好太多！

我如何设计按杯销售的葡萄酒的酒单

我的工作是在不给客人提供过多选择的前提下，广泛搜集各种各样的葡萄酒来搭配餐厅里的菜肴。

除了了解随季节更换的菜单，我还会花时间来了解顾客：他们想要哪种体验，是刺激的还是安逸的？他们想花多少钱？……我会尽可能多地在酒单上列出不同类型、不同风格的葡萄酒，如芳香型葡萄酒、半干型葡萄酒以及各种风格的葡萄酒，比如呆板的、单宁味重的、多汁的、口感层次丰富的……不论是红葡萄酒还是白葡萄酒，我都试图使酒单更丰富，这样我就能更从容地根据顾客的口味给他们推荐葡萄酒了。

有些人认为，他们如果不喜欢在餐厅点的瓶装酒，可以把那瓶酒退掉。但是很抱歉，除非这瓶酒有严重的瑕疵（有霉塞味、有鼠臭味、酒过分氧化、酒中有因二次发酵不当而产生的气泡），否则不能把酒退掉。如果你按杯买酒，那么退掉这杯酒完全没问题；但如果你点了一整瓶酒，尤其是没听从侍酒师的建议，自己做的选择，那你就应该为自己的选择买单。

但在某些情况下，你可以与餐厅协商。比如，你跟侍酒师说想要一瓶橡木味重、带有黄油味的霞多丽白葡萄酒，但他给了你一瓶小夏布利白葡萄酒。这种推荐就是完全不专业的、糟糕的，这两种葡萄酒的风味简直相差十万八千里。

什么时候适合买整瓶酒？

如果你们人数较多，最好买整瓶酒，不要按杯买酒，因为按照这两种买酒方式计算的酒的价格不同：如果按杯买，考虑到倒酒的过程中酒可能洒出，所以按整瓶酒的价格除以 4 来计算每杯酒的价格；如果按瓶买，虽然倒酒的方法可能不同，但最后可以倒出 5 杯酒。

我更喜欢买整瓶酒，因为这样我就不必考虑这瓶酒开瓶多久了，不必担心它不新鲜。同时，酒瓶的存在也有助于我了解我喝下了多少酒。

购买半瓶装葡萄酒的快乐（一）

当你想尝一尝名气很大，但标准瓶装价格太高的葡萄酒，或觉得一杯酒不够喝，想多喝一点儿的时候，可以购买半瓶装（375 mL）葡萄酒。（购买半瓶装葡萄酒时，你的选择空间比购买标准瓶装葡萄酒的大。）假设你和你的伴侣去餐厅，你们想喝白葡萄酒和红葡萄酒，但预算不够，买不了两瓶标准瓶装葡萄酒，这时购买两瓶半瓶装葡萄酒就是很好的选择。半瓶装葡萄酒的价格一般比标准瓶装葡萄酒的价格低30%~40%，而非标准瓶装葡萄酒价格的一半，因为生产商所花费的人工成本和软木塞成本并没有减半。购买半瓶装葡萄酒还有一个好处：喝完这瓶酒，你的头脑是清醒的，你可以在吃甜点时再喝一点儿甜型葡萄酒或香槟酒！

名声不好的葡萄酒

与美食或时尚相同的是，葡萄酒也受潮流趋势影响。下面这些酒可能现在受到一些自诩内行的人的嘲笑，但所有的潮流趋势都是循环的，它们最终会重新受到人们的青睐。当然，对我来说，这是一个购买便宜好酒的好机会。

	葡萄酒	名声	是否言之有理
1	仙粉黛红葡萄酒	酒体饱满，香气浓郁、奔放，口感厚重	将它完全否定是不对的。在人们厌倦这种酒之前，它也曾风靡一时
2	美国霞多丽白葡萄酒	口感如奶油般柔滑，橡木味重，带有黄油味	并非全部如此！索诺马海岸和俄勒冈州有一些没有橡木味的霞多丽白葡萄酒
3	梅洛红葡萄酒	《杯酒人生》这部电影告诉人们这是劣质酒	并非如此。许多享誉全球的顶级红葡萄酒都是用梅洛酿的，如帕图斯酒庄的一些红葡萄酒和里鹏（Le Pin）酒庄的一些红葡萄酒
4	蓝布鲁斯科起泡酒	有廉价感，喝完会造成严重的宿醉	并非如此。还有什么酒像它一样适合搭配熟肉拼盘呢？
5	博若莱新酒	口感过于生涩的廉价酒	并非如此。有一些厉害的酿酒师正在为它正名
6	灰皮诺白葡萄酒	劣质的灰皮诺白葡萄酒太多了	并非如此。有很多非常有意思的灰皮诺白葡萄酒
7	马沙拉酒	烹饪用的酒	通常来讲是这样的，但一些新兴酒庄正在改变这一现状

有问必答

你是"超级味觉者"吗？你是怎么记住这么多的葡萄酒的味道的？

"超级味觉者"指的是味觉极度灵敏的人，占世界总人口的 10%~25%。在超级味觉者中，女性多于男性，这也是我雇了这么多女侍酒师的原因。虽然我是超级味觉者，但我一般不使用这个词，因为我更希望大家谈论我的资历。至于怎么记住葡萄酒的味道，我的记忆库是在许多年的训练与积累中慢慢构建起来的，所以我可以轻松地记住它们的味道。

侍酒师佩戴的那条银色项链是什么？

那条项链叫作试酒碟，是一种传统的侍酒工具，任何人都可以佩戴。每当我们在餐桌前打开一瓶酒时，我们都会用它来品尝酒的味道。以前，酿酒师会在酒窖这种比较昏暗的环境中使用试酒碟，通过烛光来观察葡萄酒是否混浊。凹凸不平的试酒碟可以很好地折射光线，反映酒的色泽。通常只需轻抿一口，侍酒师就能判断酒是否有霉塞味。

潜心准备，参加世界侍酒师大赛，最终夺得冠军是种怎样的体验？

这个过程非常折磨人！我潜心准备了十年。那十年间，我几乎每天都把所有空余时间拿来学习，前前后后跟随许多老师学习，每天接受严格的训练，比如做在规定时间内醒酒或换瓶等练习。世界侍酒师大赛的比赛时间为两天，每天从早上九点到晚上七点，我一直在进行各项比赛，虽然比赛中途可以休息一会儿，但我的状态不可能恢复到最佳。比赛项目非常多，有理论知识、品酒能力、侍酒技巧、自我展示、荐酒方法、服务能力、佐餐酒搭配等。还有一点，比赛中你必须使用英语，这也是为什么我当时去美国提高我的英语水平！

你喝过的令你印象最深刻的葡萄酒是哪一款？

我的味觉真的被宠坏了，令我印象深刻的酒非常多。但我 23 岁时喝的那瓶 1980 年的拉塔希（La Tâche）特级园干红葡萄酒改变了我的生活。它让我领略到了勃艮第葡萄酒的魅力。在那之前，我尝过许多波尔多葡萄酒，但那瓶酒令我有种"哇，这款酒的口感完全不同！"的感觉。

你把葡萄酒讲得这么有趣，我都想辞去我现在的工作去做一名侍酒师了。你觉得这主意能行吗？

人们总觉得别人的职业比自己的好！虽然我们的工作确实具有一定的艺术性，但我们的工作时间比较长，通常别人都下班了我们还在工作，所以我们很容易游离于人群之外。靠葡萄酒赚钱并不容易。所以，你如果在华尔街工作，还是不要辞职比较好。

你有什么建议给你的侍酒师学生吗？

学会了解你的顾客，倾听他们的声音。这并不是一件容易的事，你可能需要积累数年的经验才能做到。渔夫想要钓上鱼来，就必须选择鱼喜欢的鱼饵，而非自己喜欢的。推荐葡萄酒也是如此，你要向顾客推荐他们可能喜欢的酒，而非你喜欢的酒。（侍酒师普遍喜欢酸度较高的葡萄酒，而大众一般接受不了。）

你喝过的最贵的葡萄酒是哪一款？

我喝过每瓶售价为 15,000~20,000 美元的 1900 年的玛歌酒庄红葡萄酒，也喝过罗曼尼 - 康帝酒庄拉塔希陈年葡萄酒。但对我来说，价格其实没什么意义。你真的会因为一幅画的价格高就多欣赏它一会儿吗？

你最喜欢哪款葡萄酒？

我无法回答这个问题！这就像问一个人他最喜欢谁或最喜欢吃什么。举个例子，我很喜欢吃红烧排骨，但夏天的时候我就不想吃它。

你是什么级别的侍酒师？

没有级别！我只是一个普通的侍酒师，没有加入国际侍酒大师公会（Court of Master Sommeliers）。

你每天都喝葡萄酒吗？

实际上，我会在一天忙碌的工作结束后，在晚上喝杯啤酒。

在专卖店买酒

➡️ 从价格方面来讲，你如果想买在家喝的葡萄酒，就去葡萄酒专卖店买吧，因为那里葡萄酒的零售价仅为批发价的 1.6 倍左右，而餐厅会加价到批发价的 2.5~3 倍。话虽如此，但在我看来，要找到合适的葡萄酒专卖店，让那里的售货员了解你的口味，你需要多做些准备工作。不过这些都是值得的。下面是一些注意事项。

▽在你的所在地，探寻那些新开业的葡萄酒专卖店。

现在，买葡萄酒不一定要去有"酒"字灯牌的传统葡萄酒专卖店。美国有许多非常有趣的商店：缅因州波特兰市的一些奶酪店里有卖葡萄酒的柜台；纽约州北部的布鲁克林区有一些外籍侍酒师开的葡萄酒专卖店。一般情况下，我通过常去的餐厅的侍酒师和主厨，以及我在社交媒体上关注的侍酒师和葡萄酒作家来了解那些新开业的葡萄酒专卖店。（如果他们发帖时没有标明地点，那他们很有可能找到了一些新开业的、很棒的葡萄酒专卖店。）我的朋友们有时会叫我陪他们去当地的葡萄酒专卖店买酒，我偶尔也会帮他们挑选！

● 与店经理以及售货员搞好关系。

这一点很重要。你可以通过订阅他们的广告邮件来了解不同的酒，但也要亲自品尝！发送广告邮件确实是商店的营销手段，但你能通过它们很好地了解这家店，以便挑选你喜欢的酒。你可以告诉售货员你了解葡萄酒的时间不长，但你对葡萄酒很感兴趣，想要学习相关知识。不要害羞！你的坦诚能为自己争取到一些特别的优惠，甚至能得到内部购买和远距离配送的资格以及常客才有的额外折扣。为你服务的售货员可能恰好认识几个葡萄酒爱好者，甚至可能带你加入他们的品酒小组。

■购买葡萄酒套装。

你可以拜托新结识的售货员帮你搭配一套不同风味、不同类型的葡萄酒组成的套装，帮助你更充分地了解自己的口味。你可以先购买白葡萄酒套装，其中包括一瓶弗留利灰皮诺白葡萄酒、一瓶桑塞尔白葡萄酒、一瓶带有黄油味的夏布利白葡萄酒、一瓶口感如奶油般顺滑的加利福尼亚州霞多丽白葡萄酒、一瓶德国雷司令白葡萄酒以及一瓶阿尔巴利诺白葡萄酒。一瓶一瓶品尝，做出一些评价并做好笔记，比如"这瓶酒太酸""那瓶酒口感尖酸""这瓶酒太甜了"。之后你可以购买红葡萄酒套装，其中包括一瓶索诺马海岸黑皮诺红葡萄酒、一瓶波尔多赤霞珠红葡萄酒、一瓶阿根廷马尔贝克红葡萄酒、一瓶里奥哈红葡萄酒和一瓶博若莱红葡萄酒（如福乐里村出产的红葡萄酒）。你如果恰好与售货员品味相似，可能有机会以相当优惠的价格订购他们家的每月试饮套装。说到这儿，我要补充一句，购买套装还有一个好处——价格优惠10%！购买葡萄酒套装与朋友分享是一件很有趣的事，你们不仅可以一起学习葡萄酒的知识，还可以分担买酒的费用。

△不要在网上买葡萄酒。

确实，有时在网上买葡萄酒更划算。但加上邮费，其实每瓶酒便宜不了几块钱，而且有时候送到你手中的葡萄酒并非完好无损。即使你发现收到的酒已经有霉塞味了，也不能退货。此外，在买葡萄酒的过程中，你也在与葡萄酒专卖店的售货员建立相互信任的关系。如果只是为了图方便，不打算探索，你可以在当地找一家靠谱的葡萄酒专卖店。

购买葡萄酒的

经验之谈

☒

不要买样品酒。

样品酒，就是直立摆放在柜台上售卖的葡萄酒。你如果想购买可以长期储存的葡萄酒，最好选择那些水平放置或斜放的酒，因为保持软木塞与酒液的接触是非常重要的。如果你放眼望去，店里所有的酒都是直立摆放的，那该怎么办？你可以询问店员仓库里是否有水平放置或斜放的葡萄酒。当然也有例外情况，用螺旋瓶盖或皇冠盖封口的葡萄酒不需要水平放置或斜放。

☒

不要买橱窗里的酒。

强烈的光线会对葡萄酒造成严重的伤害。相信我。

☒

不要买每瓶12美元以下的酒。

除非你买来用于烹饪。

☒

除非你很了解某家店，否则不要在这家店里买一瓶100美元的陈年葡萄酒。

天知道它这些年是怎样储存的。

☒

有些人宁愿花15美元买一瓶质量不好的酒，也不愿花20美元来获得一次可能买到好酒的机会。你需要打破这种观念！

你可以这样想：我为什么要花15美元买一瓶大概率质量不好的酒呢？多花一点儿钱，我就有可能买到一瓶质量很好的葡萄酒。我熟悉的一位葡萄酒经销商告诉我，大多数人不会买20美元一瓶的赤霞珠红葡萄酒，因此他们很少进口这种酒。有一种更好的方式——问店员"有没有香气比较奔放的、每瓶20美元左右的红葡萄酒"。

☑

在城郊或更偏僻地区的葡萄酒专卖店，你可以买到一些超值的陈年葡萄酒。

这些酒一直没有被卖出去，而卖家也没有调整它们的价格。我的一个侍酒师朋友曾在皇后区的一家葡萄酒专卖店花75美元买了一瓶当时价值400美元的钻石溪（Diamond Creek）酒庄的酒。当时卖家也很高兴，因为这瓶酒终于卖出去，不用放着积灰了！

我的内在
才最重要！

酒标小知识

➡️酒标具有迷惑性。大多数酿酒师会在正标（酒瓶正面的酒标）上标明酿酒葡萄的品种。欧洲的许多酒庄在酒标上写明了葡萄生长的地区，这样你就能根据该地区的葡萄酒法规来进一步了解他们的葡萄酒。法国有一些酒庄用很精美的图画作酒标，或者不标明酒庄的名字，而用自己取的名字，并在背标（酒瓶背面的酒标）上标明"Vin de France"（法国日常佐餐酒）。酒标上一定有酒精度。（我不会选择酒精度高于 15% vol 的葡萄酒，当然这只是我个人的喜好。）另外，雷司令白葡萄酒的酒标上如果没有标明这瓶酒是干型还是半干型的，你就只能自己判断了。

▲酒标越精美，我选择这瓶酒的可能性就越低。

没错，酒标可以非常有趣，非常符合大众审美。但对我来说，这表明生产商过于高端，他们可能没那么重视酿酒工艺。酿酒师多为农民！他们拿不出数万美金来设计酷炫的酒标。

▼以前，往往酒标的内容越详细，酒的品质就越好。

但现在，大多数酿酒师完全改变了他们的酒标设计，只标明葡萄酒的产区或印上"法国日常佐餐酒"。这一大胆的举动意味着酿酒师有意将葡萄酒降级以避开严格的酿酒要求。

●酒标上有"vieilles vignes"或"old vines"，标志着这瓶酒品质上乘。

这两个词均指"老藤"。当然了，这同样标志着这款葡萄酒很贵。

向阿尔多提问

葡萄酒的评分体系是怎么回事？

这个话题很微妙！这么说吧，这些酒都很有意思，但每个葡萄酒评论家喜好不同。你要做的就是找到与你喜好相近的葡萄酒评论家，了解他们对不同葡萄酒的描述（详见第 223 页）。此外，评分达到 100 分的葡萄酒通常需要陈化一段时间才可以饮用。你问我怎么选？我不太关注葡萄酒的评分体系。

□有些人说葡萄的生长地比葡萄酒的酿造场所更重要。

这种说法有一定的道理，但并非完全正确。即使你从绝佳的生产地采摘白葡萄，也可能因为酿酒师搞砸了而得到一瓶非常糟糕的勃艮第白葡萄酒。你可以这样理解：你钓到了一条最好的鱼，但如果厨师把鱼糟蹋了，那你的好运就浪费了。

酒标上的英语或法语单词

➡ domaine

这是一个好词！这个词指拥有自己的葡萄园，并使用自己种植的葡萄来酿酒的酒庄。一旦他们开始从其他地方购买葡萄来酿酒，酒标上就不能有"domaine"了。

➡ château

这个词的字面意思是"城堡"，实际上它没有什么特殊含义。尤其是在波尔多，它既可以代表一座漂亮的城堡酒庄，也可以代表一座普通的酒庄，所以有时这个词会误导大家。一般情况下，酒标上出现"mis en bouteille au château"，代表葡萄酒是在某座酒庄装瓶的。

➡ coopérative

这个词的意思是"酿酒合作社"。它由一群酿酒师共同经营，一些成员负责种植葡萄，而另一些成员用这些葡萄酿酒，并负责销售工作。通过这种模式，装瓶、储存和销售等工作流程得到了改善。有人认为合作社普遍规模较大，所以酒的质量很差，或者酿酒师会使用多个品种的葡萄混酿，酿出一些"大杂烩"。但事实并非如此。如今，许多年轻的酿酒师由于没有足够的钱，又不可能在刚开始酿酒时就贷款买地来种植葡萄，所以只能选择加入酿酒合作社。

➡ vineyard

这个词代表酿这款酒用的所有葡萄都来自该葡萄园，单一园（single vineyard，简称 SV）更是高品质的象征。

向阿尔多提问

为什么香槟酒的酒标上很少出现年份信息？

因为大多数香槟酒在酿造时使用的基酒产自不同年份，可能一部分基酒产自上一年，而另一部分基酒产自五年前甚至更久之前。（这么一想，几乎所有香槟酒自酿造完成时就已经有了一定的陈化期！）这就解释了为什么有些香槟酒的酒标上有"无年份"字样。年份香槟酒指只使用一种基酒酿造，或使用产自同一年份的不同基酒酿的香槟酒。包括唐培里侬香槟王酒庄在内的一些酒庄，会先将某些陈化潜力大的年份香槟酒陈化几年，甚至陈化十年再上市，它们陈化后的表现非常优异。

购买半瓶装葡萄酒的快乐（二）

我的酒窖里有很多半瓶装葡萄酒，因为当我晚上独自一人在家时，我喝不完一瓶标准瓶装葡萄酒，就会造成浪费。有时我和我的伴侣一起吃饭，但我们也喝不完两瓶标准瓶装葡萄酒，我的酒量已经不比从前了！而一瓶标准瓶装葡萄酒和一瓶半瓶装葡萄酒对我们来说刚刚好。我还储存了许多半瓶装香槟酒：它们很适合在一些庆祝场合饮用，能让这些场合看起来更上档次。幸运的是，许多非常优秀的酿酒商都售卖半瓶装香槟酒。

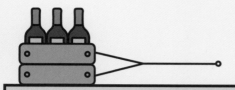

在小店，
找好酒

有一天，我与我的理发师一起跑步。他的跑步速度逐渐变慢，于是我提出休息一下，一起去喝点儿酒。然而，我在进入最近的一家葡萄酒专卖店后立刻就后悔了——这里售卖的全都是质量一般的灰皮诺白葡萄酒和桃红葡萄酒，我几乎没有选择的余地！虽然听起来很不可思议，但后来我在这家小店的冰柜里发现了一瓶冰镇的绿维特利纳白葡萄酒。于是我买下了这瓶酒和一套塑料杯，我们两个人都喝得很开心。

一般来讲，一瓶 15 美元的绿维特利纳白葡萄酒味道很好的概率是 95%。实际上，买这款酒没必要花更多的钱。它很适合配餐，几乎所有人都喜欢它，花不到 25 美元就可以买到一瓶很好的绿维特利纳白葡萄酒。如果你不喜欢它，那你可以选择夏布利白葡萄酒或桑塞尔白葡萄酒。

记住这些葡萄酒进口商

──>葡萄酒背标上的进口商信息可以在一定程度上代表葡萄酒的品质。这是因为进口商会根据自己的一系列理念来选择合作的酿酒商。以下是一些我喜欢的进口商。

☐ 路易斯−德雷斯纳（Louis-Dressner）
将自然酒带到了美国。

☐ 克米特•林奇（Kermit Lynch）
主要进口一些老派的、有灵魂的法国独立酿酒商的酒。

☐ 奥莱（Olé Imports）
主要进口一些酿造工艺精湛、合大众口味的西班牙葡萄酒和葡萄牙葡萄酒。

☐ 何塞•帕斯托尔（Jose Pastor）
主要进口一些风味奇特的西班牙高端葡萄酒。

☐ 波兰人精选（Polaner）
精致与高端葡萄酒的代表。顶级的香槟酒基本都通过该进口商销往世界各地。

☐ 稀有葡萄酒公司（Rare Wine Co.）
主要进口老派、经典的珍藏级葡萄酒。

☐ 欧洲酒窖／埃里克•所罗门精选（European Cellars/Eric Solomon Selection）
主要进口精致型葡萄酒，如欧洲一些小酒庄的酒。这些酒一般带有浓郁的矿物味，十分有意思。

☐ 特里•泰泽（Terry Theise）
主要进口德国和奥地利出产的雷司令白葡萄酒，以及法国出产的香槟酒。一般情况下，该进口商的葡萄酒残糖含量较高。

盒装、袋装及罐装葡萄酒

这些包装为我们提供了有趣的、前卫的饮酒模式，让我们跳出了饮酒的固有模式。罐装的拉莫娜西柚味西西里岛白葡萄酒非常适合夏天饮用。喝这些酒是为了及时享乐，比如在工作日的晚上或开派对时喝，它们不适合作为长期投资品。我很喜欢在开派对时喝袋盒装葡萄酒，使用衬袋盒包装不仅可以减少浪费，而且没喝完的酒可以放在冰箱里，几周后依旧新鲜。

居家饮酒指南

▶在餐厅喝葡萄酒，有服务员和侍酒师为你服务，你会有一种放纵感和仪式感。但我认为，在家喝酒，无论是与朋友、邻居或我的伴侣凯瑟琳·罗曼一起，还是偶尔一个人在深夜喝酒，都比在餐厅喝酒更能令我感到满足。我知道，在家喝酒可能令你手足无措。各式各样的酒杯、开瓶器和酒瓶塞可能令你眼花缭乱，不知该如何选择。（我的观点是越简单越好。除非你有足够的空间容纳数百万种时髦小工具和酒杯，否则用经典款就足够了。）

通过阅读前面的内容，你应该已经知道了如何买酒、买哪些酒，所以接下来，我将告诉你如何储藏、开瓶、倒酒以及保存没喝完的酒，以及清洗酒杯的技巧。等你掌握了这些知识，有了一定的自信后，你可以办一场品酒会，邀请你的朋友参加，大家一起学习葡萄酒知识，这样能提高学习的效率。就像我说过的，饮酒是一门学问。

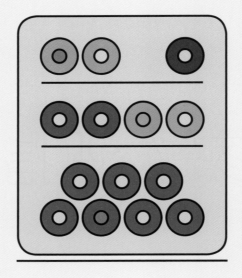

储藏葡萄酒

➡️喜欢美酒是一回事，但能否照顾好它们就是另一回事了。葡萄酒非常娇气，它们是有生命的，它们对温度、光线以及酒瓶的摆放方式都很敏感。葡萄酒需要储藏在阴凉、干燥的地方。（当然，最理想的状态是储藏在温度可控的酒窖中。）如果你没钱买储酒柜，最聪明的做法就是让当地的葡萄酒专卖店帮你储藏，不要自己储藏。但人是聚居性动物，喜欢收藏、囤集东西，这很难抑制！（这一点我深有体会。我的酒窖里已经有 500 多瓶葡萄酒了，但我还会成箱地往家里运，我的伴侣快无法忍受了。）所以，我觉得从不应该做什么开始说比较好。

☒ 酒瓶不要直立摆放一周以上。

这一点很重要！软木塞脱水变干后，氧气会进入酒瓶，加速葡萄酒的氧化，导致酒的口感迅速变差。不要买商店里直立摆放的葡萄酒，要购买水平放置或斜放的酒。不论在何种情况下，都应该水平放置或斜放用软木塞封口的葡萄酒，并且使正标朝上。但用螺旋盖、皇冠盖或玻璃瓶塞封口的葡萄酒不需要水平放置或斜放。

☒ 不要把葡萄酒放在厨房里。

厨房里的温度太高了！一般来说，温度达到26℃左右时，葡萄酒的状态就非常差了。我刚来纽约时，因为从来不用烤箱，所以就把葡萄酒都储藏在了烤箱里。后来《葡萄酒观察家》的记者来我家采访，当他提出要看看我把酒储藏在哪儿时，场面一度十分尴尬……（即使你从来不用烤箱，你也会在烤箱上方区域做饭，做饭时产生的热量不容小觑。）此外，不要把酒放在冰箱上方，因为冰箱不但会散热，还会持续震动，时间长了也会导致葡萄酒的口感变差。

☒ 不要把葡萄酒放在厨柜的顶层。

热量会向上积聚。你如果想把葡萄酒储藏在厨柜里，可以把它放在底层。

☒ 不要让葡萄酒接触阳光。

阳光的照射会使葡萄酒老化，对葡萄酒造成伤害。

☒ 不要把白葡萄酒和香槟酒放在冰箱里冷藏好几天。

冰箱里湿度低，软木塞容易变干，于是氧气进入酒瓶，加速酒的氧化，导致酒的口感变差。时间长了，冰箱里的异味也会进入酒瓶。而且冰箱里温度太低，不适合储藏娇气的白葡萄酒和香槟酒，冰箱里的灯光对酒造成的伤害更不必多说。你绝对可以尝出在冰箱里放了一个月的酒与一直妥善储藏的酒之间的差别。

☒ 不论你怎么想，你的家对葡萄酒来说都太热了。

储藏葡萄酒的最佳温度为13℃，最佳湿度为75%。你不觉得这描述的是地下室的环境吗？当然，地下室可以储藏葡萄酒，只要里面没有霉味。但时间长了地下室中的异味会进入酒瓶，所以最好不要将葡萄酒储藏在地下室中！

☑ 最后的选择就是储酒柜。

你如果发现你对待葡萄酒越来越认真，而且对于买到的葡萄酒，不论是6个月后喝还是16年后喝，你都想在喝它之前使它保持最佳状态，那你现在就应该开始研究储酒柜了。花费不到100美元，你就可以买一个品质不错的、能容纳12瓶葡萄酒的小储酒柜，把它放在地下室里或柜子里；你也可以直接买一个能容纳36瓶葡萄酒的大储酒柜，把它放在厨房里用来炫耀。最后，别忘记把储酒柜的温度设定为13℃，把湿度设定为75%。

如何打造"葡萄酒基地"

如果上文有关储藏葡萄酒的各种条条框框没有把你吓退，那你现在应该已经有了一个能容纳 6~12 瓶葡萄酒的、凉爽干净的空间了。很好！接下来你就可以打造你的"葡萄酒基地"了。刚开始你最好尝试不同风格的葡萄酒，比如酒体轻盈的和酒体饱满的。在你常去的葡萄酒专卖店购买葡萄酒套装，就是一个不错的选择。除了红葡萄酒和白葡萄酒，你还可以购买桃红葡萄酒、起泡酒和香槟酒来充实你的"葡萄酒基地"。

白葡萄酒

买一瓶口感激爽的白葡萄酒，如夏布利白葡萄酒或桑塞尔白葡萄酒；再买一瓶酒体较饱满的白葡萄酒，如加利福尼亚州的新风格霞多丽白葡萄酒或俄勒冈州的霞多丽白葡萄酒；根据你喜欢的菜肴，决定是否购买一瓶干型白葡萄酒，如绿维特利纳干白葡萄酒。（更多佐餐酒搭配的内容见第 230~237 页。）

红葡萄酒

同样，从酒体轻盈的到酒体饱满的都要买：买一瓶博若莱红葡萄酒，墨贡村或福乐里村的就不错；再买一瓶马尔贝克红葡萄酒；若想挥霍一把，可以花 40 美元买一瓶波尔多右岸红葡萄酒；再买一瓶经典基安蒂酒或内比奥罗红葡萄酒；买一瓶陈化时间较短的里奥哈红葡萄酒也是不错的选择，它价格不高而且很容易买到；最后，不要忘记买一瓶几乎人人都爱的索诺马黑皮诺红葡萄酒。

物美价廉的派对用酒，就在你身边

补充一句，这些超受欢迎的派对用酒每瓶的价格都不到 25 美元！

你如果经常受邀参加晚宴和派对，做事有条理，且恰好拥有适合储藏葡萄酒的空间，那你最好在家中常备几瓶葡萄酒。这样，你在参加晚宴或派对快迟到时，就不会因为临时买不到合适的酒而发愁了。

白葡萄酒

绿维特利纳白葡萄酒

○ 弗雷德·洛伊默酒庄的绿维特利纳干白葡萄酒

○ 伯恩哈德·奥特酒庄的绿维特利纳干白葡萄酒

○ 高博古堡的绿维特利纳干白葡萄酒

夏布利白葡萄酒

○ 威廉·费尔（William Fèvre）酒庄的小夏布利（Petit Chablis）干白葡萄酒

○ 路易斯·米歇尔父子酒庄的夏布利干白葡萄酒

○ 德鲁安-沃东（Drouhin-Vaudon）酒庄的夏布利干白葡萄酒

卢瓦尔河谷的白葡萄酒

○ 佩莱（Pellé）酒庄的默讷图-萨隆莫罗盖（Menetou-Salon Morogues）白葡萄酒

○ 爱古（l'Ecu）酒庄的奥尔托简妮斯（Orthogneiss）白葡萄酒

○ 乔纳森·狄迪尔·帕比奥酒庄的普伊-富、美白葡萄酒（这款酒虽然有点儿贵，但非常好喝）

意大利北部的长相思白葡萄酒

○ 马尔科·费卢伽（Marco Felluga）酒庄的科利奥（Collio）白葡萄酒

○ 威尼卡酒庄的龙科·德尔塞罗（Ronco del Cero）白葡萄酒

○ 泰尔拉诺（Terlano）酒庄的长相思白葡萄酒

红葡萄酒

■ 马塞尔·拉皮埃尔酒庄的高卢干红葡萄酒

■ 塞罗尔酒庄的干红葡萄酒

■ 阿尔马特（Almate）酒庄的阿尔弗雷多大师（Alfredo Maestro）红葡萄酒

■ 维耶蒂酒庄的佩巴科内比奥罗红葡萄酒

■ 韦希特尔-维斯勒酒庄的贝洛-约斯卡蓝佛朗克（Béla-Joska Blaufränkisch）红葡萄酒

起泡酒

▷ 莱文多斯酒庄的德尼特特级干型桃红（De Nit Extra Brut Rosé）起泡酒

▷ 施黛酒庄的极干型自然起泡酒

▷ 格吕埃（Gruet）酒庄的白中白起泡酒

▷ 斯卡尔佩塔（Scarpetta）酒庄的极干型桃红起泡酒

温度
非常重要！

➡️ 温度升高或降低一点儿看上去没什么影响，却能完全改变葡萄酒的口感。你分别尝尝在不同温度下储藏的同一款葡萄酒，就会发现它们像两款完全不同的酒。温度太低会掩盖白葡萄酒的风味（但当你在喝一些品质较差或陈化时间过长的酒时，这反而是个好处）；但对红葡萄酒来说，稍微热一点儿就会导致酒中的酒精和单宁挥发。即使是最好的波尔多红葡萄酒，如果温度过高，其精致的香气和微妙感也会消失。在酒里加冰并不能使酒的口感恢复。（如果可以使口感复原，为什么不直接往酒里加苏打水和柠檬呢？开个玩笑，我尊重每个人的喜好。）右侧是冰镇温度表。

冰镇温度表

白葡萄酒和起泡酒	红葡萄酒（酒体轻盈型和酒体厚重型）
冷藏 5 小时	冷藏 10~60 分钟
冷冻 45 分钟	冷冻 最长 10 分钟！（我建议你只在天气非常湿热时冷冻红葡萄酒）

关于冰镇的那些事

红葡萄酒

人们总说红葡萄酒应该在室温下储藏，但"室温"究竟是多少度？是夏天空调房里的温度还是冬天暖气房里的温度？（在这里，我不考虑湿度对温度和葡萄酒造成的影响。）我喜欢带一丝凉意的红葡萄酒，因为我发现冰镇一下能暂时抑制酒精挥发，使酒精带来的灼烧感更多地显现在后调中，让酒中的果味更有层次感。这也是为什么如果红葡萄酒没有存放在温度为 13 ℃的酒窖中，我一般会先把它放在冰箱里冷藏 10~60 分钟。如果再较真一点儿，我习惯把一些酒体较轻盈的红葡萄酒——比如黑皮诺红葡萄酒和佳美红葡萄酒——冰镇到 13 ℃，把一些酒体较厚重的红葡萄酒——比如赤霞珠红葡萄酒和梅洛红葡萄酒——冰镇到温度为 16 ℃。你可以通过温度计或冰箱的温度表来测量酒的具体温度。

白葡萄酒、桃红葡萄酒和起泡酒

你如果提前 24 小时就把你要喝的那瓶酒放在冰箱冷藏室里了，那就完全不用担心。但如果你的酒处在室温下，那你至少需要将它冷藏 4~5 小时才能喝。

即使我有时没这么多时间，我也很少使用冰桶或冰镇酒套来冰镇葡萄酒。我经常使用冰柜，这样，我就节省了擦拭瓶身水珠的时间。白葡萄酒和桃红葡萄酒需要冷冻 30~60 分钟，注意，不要超过 60 分钟；香槟酒需要冷冻 45 分钟（因为香槟酒瓶更厚）。

冰箱小贴士（一）

如果我和别人交谈入了迷，忘记按时把酒从冰箱里拿出来，我一般会用流动的热水将它冲洗 20 秒左右，或者直接把酒倒进酒杯，边摇晃边等待它升温（然后品尝）。

冰箱小贴士（二）

虽然方便，但不要把葡萄酒长时间存放在冰箱里，最多只能存放几天。详情见第 175 页。

不要用冰桶

我在家很少用冰桶，因为瓶身的水珠会滴得满餐桌都是，而且会使瓶身的酒标变得模糊，我很不喜欢这样。我会用软木塞将没喝完的酒封口，竖直放在酒柜里，等客人要喝的时候再拿出来。

如何携带葡萄酒

我有一个富有弹性的合成橡胶材质的手提袋，我经常用它带葡萄酒去朋友家。我还会在冰柜里放几个手提式冰镇酒套（和冰袋一样，内部填充的是一种湿软的材料），在出门前给每瓶酒都套一个，没错，包括红葡萄酒。如果我要坐很长时间的地铁，我会在出门前把葡萄酒放在冰柜中冷冻 20 分钟，再把它们放在手提式冰镇酒套里。这样，等我到达目的地时，它们还很完美。

你知道吗？

把酒液从瓶子里倒出来的一瞬间，酒液的温度就上升了 1℃，尤其是酒杯容量比较大的时候。

如何开瓶

▶如下图，这是你需要的唯一一种开瓶器。学
会使用这种被称为"侍者之友"的基础款开瓶器就
足够了。在美国，几乎每家每户的厨房里都有这
种小工具。你可以自行决定是购买葡萄酒专卖店
里卖的基础款开瓶器，还是购买法国刀匠拉吉奥乐
（Laguiole）打造的高档开瓶器（我选择这种）。
只要确保它有锋利的切箔刀和螺旋钻就够了，侍酒
师称螺旋钻为"蠕虫"。

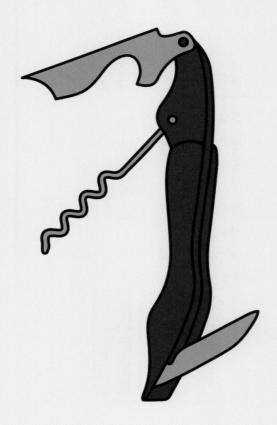

1. 用刀沿瓶唇（瓶口的环状凸起部分）下沿划一圈，切断瓶封，去除包裹的锡箔纸。我这么做是因为如果不先将锡箔纸全部取下来，酒液很可能残留在瓶口的锡箔纸上，倒下一杯酒时，这些酒液就会进入酒杯。我想没有人希望这样，毕竟这样不卫生，所以要先将锡箔纸完全去除。

2. 将螺旋钻的尖头对准软木塞的正中心，稍微倾斜，插入软木塞。注意，不要竖直插入，软木塞的质量参差不齐，而且封口后随着时间的推移，软木塞可能老化、破损，螺旋钻倾斜插入可以防止软木塞破碎或折断。

3. 一只手握住瓶颈，一只手顺时针旋转开瓶器，直至螺旋钻的螺旋部分全部插入软木塞。注意，不要把螺旋钻全部插进去。

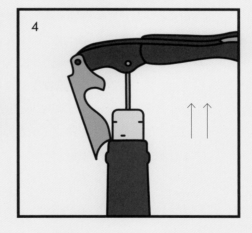

4. 将起塞支架缓缓地向下压，使其内侧尖端卡在瓶口内侧，同时将开瓶器的手柄向上抬，利用杠杆原理将软木塞拔出来。（有些开瓶器有两截起塞支架，在将软木塞拔出一半时，软木塞可能无法继续上移，此时需要将另一截支架的内侧尖端卡在瓶口内侧，抬手柄，才能将其全部拔出。）拔出软木塞后，逆时针旋转取下开瓶器，就可以享用葡萄酒了！

救命！

（没错，我也遇见过这些状况。）

 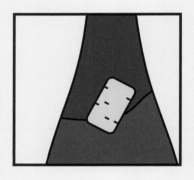 

糟了！软木塞断了，另一截卡在瓶颈……

而且用开瓶器够不到。虽然听起来很离谱，但这种事确实可能发生！你可以看看还有没有其他开瓶器，因为某些开瓶器的螺旋钻比较长。（作为一个有强迫症的侍酒师，我经常随身携带两个开瓶器，以防万一。）如果没有，你可以用木勺或叉子的手柄直接把下半截软木塞捅下去，然后看下一条。

呃，软木塞掉进酒里了。

恭喜你拥有了一个会游泳的软木塞。如果掉下去的是一两块较大的软木塞，那你不必担心；但如果掉下去的是一些小碎屑，那你就需要找一个漏斗，在上面放滤网或一块粗棉布，将酒过滤到醒酒器（或另一个酒瓶）中。一般来说，陈化较久的葡萄酒可能发生这种情况，但不必担心，因为它们本身就带有较重的橡木味！

软木塞，拔，不，动。

虽然听上去有点儿难以置信，但软木塞塞得紧也是葡萄酒品质高的一种表现。此时我们能做的就是不断尝试，把这件事当成力量测试。当然，你也可以拿着它去找经常健身的邻居，礼貌地请求他帮忙。虽然拔不出软木塞有点儿伤自尊，但当你喝下第一杯酒时，心情就会逐渐平静下来。你如果要打开一瓶香槟酒，可以先取下封口处的铁丝网套，再把开瓶器插进软木塞中，像开葡萄酒（高压版的）一样小心翼翼地把软木塞拔出来。

● **小贴士**　　如果瓶口有一层硬蜡，开瓶就会比较费劲。开瓶方法不当的话，你不仅可能把厨房弄得满地都是蜡屑，还很有可能在酒里尝到蜡的味道。你需要先找个垃圾桶，把酒瓶横放，使瓶口位于垃圾桶正上方，然后用刀把那层蜡刮掉。（如果你有洁癖，可以用毛巾包住瓶口，然后用刀背把蜡敲掉。毛巾能包裹住所有小蜡屑。）如果蜡是软的，那你可以直接把开瓶器插进软木塞，按正常步骤开瓶。取出软木塞后，再检查一下瓶口是否清理干净了。

起泡酒零伤害开瓶指南

我有办法让你成功打开一瓶起泡酒，并且不会把酒喷得到处都是。

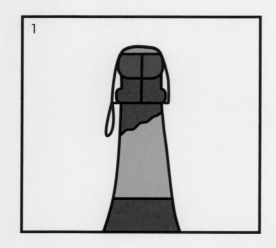

1. 用切箔刀或其他小刀沿铁丝网套下方在锡箔纸上划一圈，将锡箔纸的上半部分全部撕掉，以防倒酒时酒液沾在锡箔纸上，造成污染。

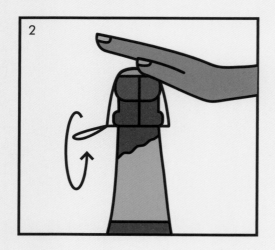

2. 将铁丝网套上的拉环向上抬起并稍稍拧开，但不要完全将铁丝网套拿下来（这样你能更好地控制力度），同时用另一只手的手掌握住软木塞。注意，在这个过程中一定要一直握住软木塞！

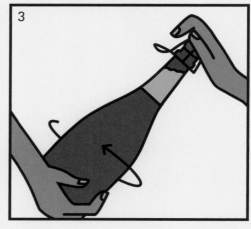

3. 大多数人转动软木塞，但我建议你转动酒瓶。将酒瓶倾斜，一只手向下按住软木塞，另一只手轻轻地托住瓶底并将酒瓶旋转一两圈。在这个过程中二氧化碳会自己跑出来！软木塞松动后，要继续按压一会儿，以免酒喷得到处都是。（如果最后酒还是喷出来了，那就赶紧用毛巾连续轻拍瓶颈，这样可以稍微抑制酒的喷溅。）你也可以在铁丝网套上盖一条毛巾来保护你的手，因为瓶身可能有点儿滑。

或许你想试试用刀开瓶?

这是派对上常见的一种危险的游戏,但它貌似不会很快被大家厌倦。实际上,现在非常流行这种拿破仑式的庆祝方式,一些高档刀具制造商甚至开始销售专门用来开瓶的香槟刀。取下锡箔纸和铁丝网套后,就可以用香槟刀开瓶了,其实整个过程很像在打一套组合拳。下面,我来告诉你如何在不伤害任何人的前提下用香槟刀开瓶。但你一定要小心!

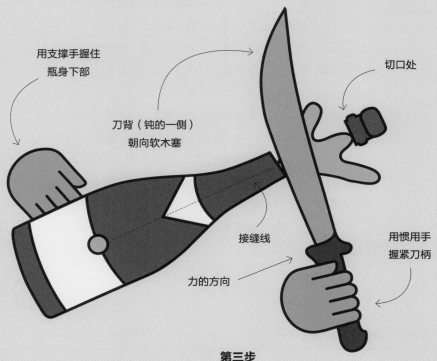

用支撑手握住
瓶身下部

刀背(钝的一侧)
朝向软木塞

切口处

接缝线

力的方向

用惯用手
握紧刀柄

第一步

确保瓶口没有对着人,也没有对着窗户、镜子或灯等易碎品。

第二步

酒瓶上有两条接缝线。其中一条位于瓶身前侧,你可以用指甲绕瓶身轻划一圈,找到它,旋转酒瓶使这条纵向的接缝线正对着你,然后找到它与瓶颈凸起部分的交接处,那就是另一条接缝线,也就是切口处。

第三步

用香槟刀的刀背对准瓶唇,沿着接缝线上下滑动几次,先练习一下。(不一定非用香槟刀,你甚至可以用金属勺!重要的不是力度,而是打击的位置。)做好准备后,小臂发力,快速地用刀背大力击打切口处。准备倒酒(和清理现场)吧!你一定要小心瓶颈,因为这会儿它已经变得如剃刀般锋利了……

注意:虽然下面这些话可能令你觉得我像个老父亲,但我依然要说。香槟酒瓶内的平均压力是汽车轮胎内平均压力的两倍,所以如果你在用香槟刀开瓶过程中出了什么差错,后果将非常严重。我见过一些非常可怕的事故现场。

酒杯也很重要！

➡️ 躺在沙滩上，喝平底酒杯中的桃红葡萄酒的确非常惬意。但是，味觉上的体验却大打折扣。即使是品质优异的波尔多红葡萄酒，在平底酒杯中也会变得平庸无味。相反，即使是普通的梅洛红葡萄酒，在合适、造型完美、杯口光滑平整的酒杯中，也能完美地绽放风味。

一只设计精良的酒杯能很好地汇聚葡萄酒的香气，使葡萄酒的风味更突出，恰到好处地击中你的嗅觉和味觉。最顶级的酒杯都是手工制作的，杯口光滑平整，可以使酒液先到达你的舌尖，也就是感知甜味的地方。（如果杯口有凸起，就算凸起非常小，也会使葡萄酒先到达舌头后部，也就是感知苦味的味蕾所在的部位。）对我而言，酒杯就像显微镜，能够放大葡萄酒的所有风味。

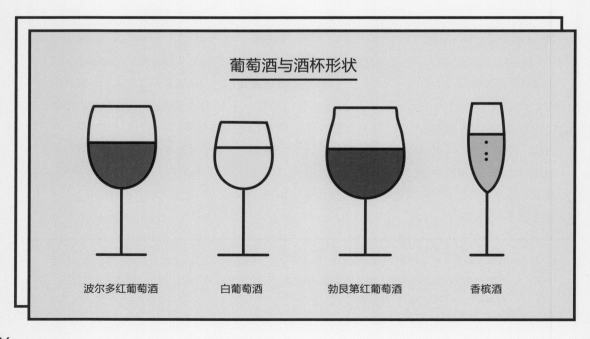

葡萄酒与酒杯形状

波尔多红葡萄酒　　白葡萄酒　　勃艮第红葡萄酒　　香槟酒

剖析一支好酒杯

材质

酒杯的材质越薄、越透明，酒杯的质量就越好。（透过酒杯看其他物品时，光线最好不被折射。）

杯口

杯口越薄、越精致，酒杯的质量就越好。杯口不平整会使葡萄酒先落在舌头后部。而品酒时，最好让葡萄酒先落在舌尖，因为舌尖上的味蕾更能体会酒的风味和微妙之处。

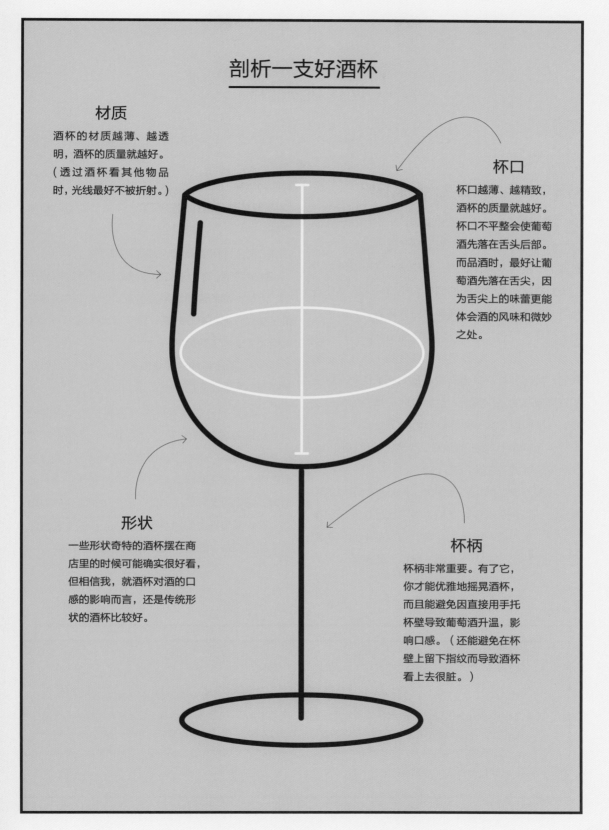

形状

一些形状奇特的酒杯摆在商店里的时候可能确实很好看，但相信我，就酒杯对酒的口感的影响而言，还是传统形状的酒杯比较好。

杯柄

杯柄非常重要。有了它，你才能优雅地摇晃酒杯，而且能避免因直接用手托杯壁导致葡萄酒升温，影响口感。（还能避免在杯壁上留下指纹而导致酒杯看上去很脏。）

如何挑选酒杯

喝葡萄酒真的需要买六种酒杯吗？

20 世纪 80 年代，醴铎家族，一群和我一样热爱葡萄酒的奥地利人，率先研究了这一问题，并且制造了一系列不同样式的、经科学验证可以提高对应类型的葡萄酒的风味的酒杯。杯口较大的酒杯适合用来喝带有矿物味的霞多丽白葡萄酒，它能更好地缓和其紧涩的口感；杯口较窄的酒杯适合用来喝波尔多红葡萄酒，它能更好地锁住酒中的红色水果香气。我刚开始从事与葡萄酒有关的工作时，就住在醴铎家族的工厂附近，参加过他们举办的公开品酒会。参加那几次品酒会让我明白了专业人士与非专业人士对酒杯形状的反应。当然，当时年仅 23 岁的我最后买了很多酒杯。

如果你家的厨柜容量很大，而且你有足够的预算，那么买一个酒杯收藏柜也很不错。但我现在年纪大了，反而像个极简主义者。和以前相比，我现在更清楚自己在家喝什么酒。所以，我家里现在只

有四种酒杯。

→ 喝香槟酒和酒体超轻盈的桃红葡萄酒用白葡萄酒杯。

→ 喝白葡萄酒和红葡萄酒用通用型酒杯。

→ 喝勃艮第红葡萄酒和巴罗洛红葡萄酒等口感浓郁、酒体饱满的葡萄酒用波尔多酒杯，这种酒杯容量足够大，你只需旋转酒杯，就可以体会同一款红葡萄酒呈现的不同风味。

→ 另外，我还有几只香槟酒杯，因为我的伴侣凯瑟琳坚持要保留它们……

弄清楚自己最喜欢什么酒需要花费大量的时间，所以我建议你先买 1~2 种酒杯，逐渐增加到 6~8 种，此外，别忘了玻璃酒杯是易碎品。我建议葡萄酒初学者先购买通用型酒杯，它适用于多款葡萄酒。等你对某种风格的葡萄酒产生更浓厚的兴趣时，再购买与其适配的酒杯。另外，购买一套六只装（或四只装）的酒杯在派对上用完全没问题。

在某种情况下，我会买一只 60 美元的酒杯

如果你足够在意葡萄酒，那你就应该在意酒杯。葡萄酒和酒杯就相当于音乐和音乐播放器：便宜的入耳式耳机与高级头戴式耳机播放的音乐的质感肯定不同，而后者与带有巨型低音音箱的超高端智能家居系统相比，播放的音乐的质感也是完全不同的。我一直想不通，为什么许多人愿意花 60 美元买一瓶酒，在短短一两个小时内就喝完，却不愿意花 60 美元买一只高档通用型酒杯，用它来享受不同类型、不同价位的葡萄酒。（通用型酒杯适用于多种葡萄酒。）

来场奇妙的体验吧！

试试用三种（形状不同、杯壁厚度不同、杯口大小不同）的酒杯喝同一款葡萄酒，你一定会大开眼界。有一天，我在葡萄酒吧让本书的编辑珍妮弗·西特试过一次，她仿佛打开了新世界的大门。你可以在休息日独自一人或和朋友一起试试。

① 购买一瓶你最想喝的葡萄酒。

② 购买一只相配的、质量较好的酒杯。记得把标签留着！之后万一要退货，标签是必需的。

③ 至于另外两只酒杯，你可以买一只通用型酒杯和一只平底酒杯。（你如果还有想尝试的酒杯，可以把它买下来，同样别忘了留着标签。）

④ 倒酒，逐杯品尝。感受到香气和风味的差异了吗？葡萄酒先落在你舌头上的哪个位置？ 更重要的是，你觉得哪个酒杯里的葡萄酒最好喝？

⑤ 你也可以在提供高档高脚酒杯的餐厅做这个实验：告诉你的侍酒师，你想用不同的酒杯品尝你刚才点的那一瓶酒即可。

向阿尔多提问

小贴士

如果我和我的葡萄酒团队一起野餐，或和大约 20 个好友在家里开派对，我会买一些塑料杯，购买的数量为每人两个。

为什么有些人用葡萄酒杯喝香槟酒？

20 世纪 70 年代，人们会用葡萄酒杯喝香槟酒。但人们很快就发现这种酒杯杯口太大，香槟酒里的气泡很容易消失。2010 年左右，长笛形香槟酒杯问世。但最近，随着酒农香槟酒的不断发展，一些香槟酒爱好者开始用白葡萄酒杯喝香槟酒。

这并不仅仅是一种潮流和一种会令父母费解的做法，而是我们面对现实情况做出的选择。随着全球气候逐渐变暖，酿酒葡萄越来越甜。一些酒农香槟酒酿酒商想方设法地集中酒的风味，他们发现杯型细长的长笛形香槟酒杯能锁住酒的风味，而杯口较大的白葡萄酒杯能更好地让酒的风味绽放。

只有亲自尝试，你才能知道自己的喜好。你分别用这两种酒杯喝同一瓶酒，做出评价，然后你就知道自己更喜欢哪种酒杯了。

小知识

判断酒杯是否合你心意的第一法则：它能否让你喝光杯中的酒？

清洗酒杯小贴士

 ## 机洗

我把所有酒杯都放在洗碗机顶层的碗架上，尽量放在中间，以使杯柄向同一个方向倾斜。（我第一次这样清洗酒杯时，非常小心地确认洗碗机顶层是否放得下这些酒杯，并且蹲着把顶层碗架慢慢放进洗碗机。）杯柄较长的酒杯可以放在洗碗机的底层，但不要在它的周围放比较重的盘子。如果你的洗碗机有专门放置酒杯的支架，可以直接把酒杯放在那里。

我在清洗酒杯时通常会使用烘干功能，因为酒杯上可能留有来自食物的脂肪，很难自然干燥。（若我没有使用烘干功能，酒杯上残留的脂肪会使香槟酒的气泡看上去消失了，虽然香槟酒尝起来气泡充足。但看不到气泡的香槟酒叫什么香槟酒？！）

我的个人习惯是洗涤结束时不立刻打开洗碗机的门。等到必须打开时，我会缓缓地把碗架拉出来，这时要确保酒杯不会掉下来。如果杯柄底部有水珠残留，用毛巾把水珠擦掉即可。

手洗

首要法则：你如果处在醉酒或疲劳状态，那就第二天早上再洗酒杯！你当天只需先把酒杯里的残酒倒掉，然后在酒杯里倒满清水。

酒杯破碎最可能的原因是你在擦洗时抓得太紧。

我习惯在清洗酒杯之前把水槽清空，而且我不喜欢往每只酒杯里都倒洗洁精，所以我会在清洗酒杯前准备一小碗温度适宜、稀释过的洗洁精。确保将杯子外壁及杯口清洗干净后，轻轻地清洗杯子内部，最后用温水把泡沫彻底冲洗掉。

擦干酒杯

拿一块干净的布，从杯柄底部开始往上一点点擦干。

如何存放酒杯

☐ 如果将酒杯存放在厨房里，酒杯上会慢慢积累一些油污，这也是我不喜欢开放式厨柜的原因，至少我不会把所有酒杯都放在厨房里。

☐ 将你最常用的酒杯，包括那些经常在多人场合使用的和你常用的酒杯，放在你能轻易取到的地方。而你的那些"观赏型"酒杯可以放在别处，比如厨柜的顶层或底层，但要将它们放在盒子里。如果你一个月最多用一次霞多丽白葡萄酒酒杯，而且一次只用两只，就没必要占用宝贵的空间将它们全部摆出来了。

☐ 如果你的酒杯闲置了一段时间，你可以用一块干净的软布轻柔地擦拭酒杯外壁。如果它们真的很脏，那就在开派对那天的早上把这些酒杯清洗一遍，确保你的朋友来了之后，你递给他们的酒杯不会滑溜溜的。

☐ 将酒杯倒放是最稳妥的方法。

倒　酒

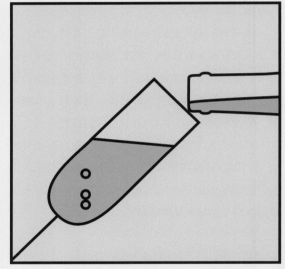

倒（除香槟酒外的）所有葡萄酒

　　微微倾斜瓶身，使瓶口位于杯口中心上方约2.5 cm处，倒3/4杯（约150 mL）葡萄酒。倒完酒，一边手腕用力将酒瓶旋转半圈，一边使瓶身慢慢回正，然后把酒瓶放在一旁。记得擦去酒杯外侧或酒瓶上的酒滴。

倒香槟酒

　　为了不让香槟酒起泡过多，倒香槟酒的方法与倒啤酒的方法有些相似：将酒杯倾斜45°，然后将酒瓶向下倾近90°，使瓶口靠近杯口边缘，沿着杯壁向杯中倒酒。第一次倒酒时，倒一点儿即可。倒完后，手腕用力将酒瓶旋转半圈，同时使瓶身慢慢回正，然后把酒瓶放在一旁。将酒杯直立起来，等气泡差不多消失后，按上述步骤再倒一些酒。有时，这个步骤你需要重复多次。

倒酒时应尽量避免的行为

酒瓶触碰杯沿

杯沿是酒杯最脆弱的部分，用酒瓶触碰可能将它碰碎。（也不要用嘴接触酒瓶，因为你不知道酒瓶到底干不干净。）

把酒倒满

你需要在酒杯中留下一些空间以便更好地体会酒的香气，以及在不把酒洒出来的前提下旋转酒杯。如果你喝的是白葡萄酒，倒太满会导致酒的温度过高，超过最佳饮用温度。

倒酒时握住瓶颈

这样握酒瓶的话，你会难以控制力度，所以倒酒时最好握住瓶身下部。多倒几次，熟能生巧。

给别人倒了一杯香槟沫

（正确做法详见第 192 页）

正式倒酒之前，这样做

虽然听起来有点儿奇怪，但我确实会在正式倒酒前往酒杯中倒 30 mL 左右的酒，然后旋转酒杯，让酒液充分覆盖酒杯内壁，然后把这点儿酒倒入下一个酒杯，并重复上述步骤。（一般情况下，每处理 6 个酒杯我会倒掉杯中的葡萄酒。）这叫作"给酒杯调味"。这样做是为了去除酒杯上残留的会影响葡萄酒味道的洗洁精和洗碗机干燥剂。这样听上去，我是不是有些偏执？没错，但这个方法确实有效。没人想喝有化学品味道的葡萄酒。你完成上述步骤后，就可以开始正式倒酒了。

什么是醒酒？什么时候需要醒酒？

➡ 醒酒主要有两个原因：第一，使葡萄酒与空气接触，发生氧化反应，从而降低单宁的浓度，使酒中的果香更充分地散发出来，这相当于模仿葡萄酒的陈化过程；第二，对陈化较久的葡萄酒而言，醒酒可以去除酒中的沉淀物。

年轻的波尔多红葡萄酒、巴罗洛红葡萄酒、里奥哈红葡萄酒、布鲁奈罗红葡萄酒，以及加利福尼亚州赤霞珠红葡萄酒等，单宁味都比较重，刚开瓶时单宁味会掩盖住酒中的果味，所以这些酒需要醒酒。无论是陈年红葡萄酒还是口感紧涩的白葡萄酒，都可以氧化一会儿，这有助于提升酒的口感。但是，我每次醒酒前一定会尝一尝其原本的味道。如果它果味闭塞（闻不到果味）或口感紧涩（单宁含量高），就说明它需要多一点儿醒酒时间。

即使是一个普通的玻璃罐也可以用来醒酒，因为我们的目的是加大葡萄酒与空气的接触面积。（其实就是加快葡萄酒的氧化。氧化过程从倒酒时就开始了，包括在摇晃酒杯的过程中，葡萄酒都在氧化。）

有些侍酒师不会因酒中存在沉淀物而醒酒，有些侍酒师则不容许酒杯中有一丁点儿沉淀物。我的建议是按你自己的喜好决定怎么做。

如何用醒酒器醒酒

我要强调的是，你在醒酒前一定要尝一口酒，判断它是否口感过于紧实或果味闭塞，如果确实如此，那就可以醒酒了。将瓶中的葡萄酒倒入醒酒器时，注意要把瓶口对准醒酒器内侧边缘，使酒液沿醒酒器内壁慢慢流下去，而非直接倒进去。注意，醒酒已经加快了葡萄酒的氧化，所以醒酒后最好在两小时内喝完这些酒。

葡萄酒非常神秘！每瓶酒的陈化表现都不同，所以很难估算出最理想的醒酒时长。而且，我个人对开瓶后葡萄酒的口感变化很感兴趣，所以有时在伯纳丁餐厅给客人倒酒时，我只往醒酒器里倒半瓶酒，然后直接从瓶中倒两杯酒给客人，让他们品尝刚从酒瓶中倒出来的酒的味道。倒酒就像为新生儿接生，你想直接跳过"婴儿"阶段，感受葡萄酒"长大"后的味道吗？

● 你如果想让葡萄酒快速氧化，那就用体积较大的醒酒器，加大葡萄酒与空气的接触面积。（在条件有限的情况下，可以用扎壶或大玻璃瓶醒酒。）

● 如果你醒酒主要是为了去除酒中的沉淀物，可以用口径较窄的醒酒器。

● 不要买那些所谓的葡萄酒增氧机。商家会告诉你这种机器能往你的酒里注入氧气，赋予葡萄酒陈化后的效果，但我可以向你保证，这绝对是骗人的。想让葡萄酒更快氧化，有两个简单的方法：一是倒酒时瓶口距杯沿远一些，二是将酒杯多摇晃几次。

沿着内壁倒酒能加大酒与氧气的接触面积。

握住醒酒器的颈部摇晃它，加速葡萄酒的氧化。

需要醒的酒

□ 年轻的巴罗洛红葡萄酒和布鲁奈罗红葡萄酒
□ 年轻的罗讷河谷混酿红葡萄酒
□ 年轻的里奥哈红葡萄酒
□ 年轻的加利福尼亚州赤霞珠红葡萄酒
□ 年轻的波尔多红葡萄酒
□ 超级托斯卡纳葡萄酒
□ 还原味葡萄酒

需要换瓶的葡萄酒（因为酒中可能有沉淀物）

□ 陈化 10 年以上的波尔多红葡萄酒、巴罗洛红葡萄酒和里奥哈红葡萄酒
□ 加利福尼亚州陈年红葡萄酒

▶ 如何去除酒中的沉淀物？

你可以去网上搜索相关视频！（自己在家喝的酒，很少年份久到有沉淀物。）

举办一场品酒会

➤学习葡萄酒知识最好的办法就是多品、多尝。你可以邀请几位朋友，共同品尝六款不同的葡萄酒。这不仅能让大家拥有一段美好的时光，还能帮助你积累有关葡萄酒的知识。接下来我为你介绍具体的做法。

▲ 设定一个主题。

例如：

→ 选一个特定的葡萄品种、生产国或产区，或者这三者的组合，在所有人都能接受的价格区间内挑选六瓶葡萄酒。你可以选六瓶不同的加利福尼亚州赤霞珠红葡萄酒，也可以选六瓶分别产自加利福尼亚州、法国、智利、阿根廷、澳大利亚和意大利的赤霞珠红葡萄酒。

→ "旧世界葡萄酒与新世界葡萄酒的对比"也是一个非常有趣的主题：你喜欢的是口感如奶油般顺滑、带有黄油味的澳大利亚霞多丽白葡萄酒，还是口感激爽、酒体轻盈、矿物味突出的夏布利白葡萄酒？另外，黑皮诺红葡萄酒、赤霞珠红葡萄酒、雷司令白葡萄酒以及起泡酒也非常适合这个主题。（你也可以用不同种类的葡萄酒来做对比。）

→ 还有，你想不想知道哪款桃红葡萄酒最好喝？

→ 你甚至可以策划一个"电影之夜"活动，放映《杯酒人生》这部电影的某些片段，品尝电影中提到的那些葡萄酒。（跳过那些主题阴暗的片段，只放映他们去第一场品酒会的片段和他们去餐厅的片段。）

● 做好功课。

了解不同葡萄酒的区别，因为到时候大家一定有问题要问你。你可以提前打印一份资料，或者准备一张葡萄酒地图。

■ 给客人分发纸笔，以便他们记笔记。

一群人一起品酒时，经常出现一些非常有价值的问题，这时你就需要把它们记下来。你还可以记下你喜欢的和不喜欢的酒，并简单地写写原因。

● 参与的人数没有限制。

但是，不论你邀请了多少人，都要确保你们用的是同一种酒杯，因为酒杯不同会造成同一瓶酒的风味有差异。如果没有足够的酒杯供大家在换一种酒品尝时更换，就准备一个桶或大碗，让大家把没喝完的酒倒在里面，再倒另一瓶酒。（注意，在此期间不要清洗酒杯，因为水会影响你对葡萄酒的感受。）

▽ 根据酒精度，从低到高依次品尝葡萄酒。

（瓶身背标上有酒精度。）

■ 一次只品尝一瓶酒。

给每位客人倒一小杯酒，大约三四口的量。你可以在酒瓶里留一点儿酒，回过头来再品尝一次。

▲ 品味并交流！

你有没有尝到第 143 页提到的那些风味？你喜欢哪款酒？哪款酒令你失望了？哪款酒你下次还会买？品酒没有对错之分，只是一种体验。请记住，每个人对同一事物的感知都是不同的。你会谈论你的经历，你的朋友们也会谈起他们有趣的新发现。对你来说，这是一个重新品酒的好机会，看看你之前是否错过了什么。

成功举办

品酒会

的秘诀

进阶品酒方法见第209页。

规定葡萄酒的可选范围。

比如让大家各带一瓶 30 美元以下的华盛顿州黑皮诺红葡萄酒，或者你自己购买所有要品尝的葡萄酒，让大家转账给你。你最好将计划告诉商店的售货员，以便他们给出合理的建议。

在初学阶段，一次品酒不要超过六瓶。

因为当你品尝到第七瓶时，你的感官就很疲惫了，很难区分不同的葡萄酒在香气和味道上的差异。这就和刚开始慢跑的人不会立刻跑一场马拉松是同样的道理。

在客人到齐前，给先到的客人倒一杯起泡酒。

这样做有助于清理味觉，调节情绪。

在品酒过程中不要吃东西。

在品酒过程中吃东西，尤其是奶酪和猪肉等脂肪含量高的食物，会改变葡萄酒在口中的味道，所以尽量不要在品酒会结束前吃东西。我喜欢在品酒会结束时吃一大碗炖菜和一些面包。

不想自己张罗？试试外包吧！

○ 去你最喜欢的餐厅或葡萄酒吧，拜托那里的侍酒师帮你办一场品酒会或一场只品三四杯葡萄酒的小型品酒会。记得告诉他们你的品酒主题以及你的预算。

○ 让葡萄酒专卖店的工作人员帮你联系一个品酒小组。

水与品酒

避免宿醉的最佳方法是喝比葡萄酒多一倍的水，但在更换葡萄酒品尝的间隙喝水会使你的味觉产生偏差，所以在品酒过程中应尽量少喝水。

有些人喜欢在更换葡萄酒时用水冲洗杯子，但杯中残留的水会改变葡萄酒的酒体结构——你如果没有把杯子里的水擦干净，它会稀释葡萄酒。

别忘了在桌上放一个桶或其他容器，供客人把没喝完的酒倒掉。

你也可以在桌子上放不透明的马克杯之类的容器，因为有些人习惯在品尝之后把酒吐掉。

品酒结束时。

给每位客人倒一杯口感清爽的白葡萄酒或起泡酒，也可以倒一杯啤酒，供大家清理味觉。

如何保存
没喝完的酒

➤ 有些场合可能并不适合把一瓶葡萄酒全部喝完，所以你要如何保存剩余的酒，让它第二天仍然可以喝呢？现在许多商家推销一些能延长葡萄酒寿命的小工具，但真正有用的其实没几个。下面我来介绍我常用的一些保存剩余葡萄酒的技巧。

⬤ 把酒全部喝完，等待痛苦的宿醉。

（我在第 199 页介绍了避免宿醉的方法。）

◼ 用软木塞重新封瓶，然后把酒瓶放进冰箱保存。

葡萄酒新鲜的口感被破坏，或产生霉味的主要原因是葡萄酒氧化过度。（你可以想象一下，把一个苹果切开并使其暴露在空气中，它的表面会慢慢变成褐色，时间久了还会发霉，味道也会发生变化。）把酒放在冰箱里保存可以减缓葡萄酒的氧化。我手边有几个从其他酒瓶上拿下来的玻璃瓶塞或橡胶瓶塞，我很喜欢它们的形状。

▽ 你如果要保存香槟酒，可以购买葡萄酒专卖店卖的铰链式封口盖。

用铰链式封口盖给没喝完的香槟酒封瓶，是目前为止我发现的保存香槟酒效果最好的方法。即使放一夜，香槟酒的口感和风味也几乎没有变化。

⬤ 选择半瓶装葡萄酒。

虽然很多专家认为半瓶装葡萄酒在陈化表现上略显不足，但当你独自一人饮酒且喝不完标准瓶装葡萄酒时，半瓶装葡萄酒便显现出优势了。许多高端葡萄酒都没有半瓶装的规格，但幸运的是这对我来说没什么影响，因为我喝半瓶装葡萄酒只是为了享受，我不会在重要场合饮用它们。

保存没喝完的酒的一些误区

在打开的香槟酒瓶中放一把银勺可以避免酒中的气泡消失。
这是错误的。

真空处理能够隔绝氧气。
并不会。真空处理只能给酒打造一个真空环境，但酒中还有一些氧气（所以你的葡萄酒依然会氧化）。

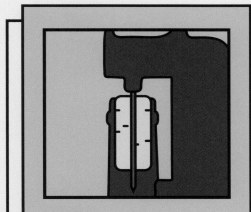

对专业人士来说，花 300 美元买一台针管取酒器（Coravin）是非常值得的。它的工作原理是把一根超细的针管直接穿过软木塞伸入酒液，然后通过这根针管把酒吸上来。我们会把这个工具用在葡萄酒吧中按杯销售的高价葡萄酒上，但我在家里从没用过它，因为我每次都能喝完整瓶酒！

3

提高你的
品鉴力

▶ 我敢保证，你喝的葡萄酒越多，你的品位就越高。长相思白葡萄酒和马尔贝克红葡萄酒都非常不错，但当你开始关注葡萄酒后，你就会希望你喝的葡萄酒风味更丰富、口感更复杂。你尝过一瓶品质很好的香槟酒后，就不会想喝普洛塞克起泡酒了。（原谅我的直接！）当然，这两款酒都有各自适合饮用的时间和场合。

你也可以这么想：你如果并非在海边长大，那当你吃下第一口牡蛎时，可能并不喜欢它的味道，但你能逐渐接受这种味道。你如果对它有足够的好奇心，就会品尝不同类型的牡蛎，感受熊本、莫尔佩克湾、美国西海岸各州和东海岸各州等不同地区的牡蛎的差异。你不会立刻爱上波尔多红葡萄酒（这款酒尝起来果味稀薄且有点儿酸，因为它单宁味太重，会影响你的味觉。其实酒的味道并非如此，是我们的味觉出了问题。）天然极干型香槟酒和雪莉酒也是如此，前者对刚接触葡萄酒的人来说风味过于朴素，这种酒对品酒者味觉的要求较高；而后者带有氧化味，需要我们花更多时间了解后才会喜欢。但它们都值得我们花时间去了解。怎么说呢，就像我多年的幸福婚姻一样，它得益于我和凯瑟琳始终如一的品质和对彼此的了解。

我们的目标并不是掌握多少有关葡萄酒的知识，而是欣赏和发现这种发酵后的葡萄汁的魅力。下面是一些学习和成长的好办法。

打造
"风味图书馆"

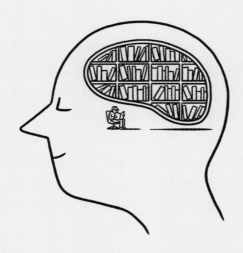

▶ 我坚信，我们尝过的所有风味都保存在大脑中，能随时被找到，就像数据存储在电脑中能随时被检索到一样。你要想找到合适的词来描述这些风味，可以读一些葡萄酒图书作家（详见第222页）的品酒笔记，接触更多术语。别担心，你并不需要做什么研究，只需记住他们用的术语。除此之外，还有一些小技巧。

▲ 多品尝。

你品尝的酒越多，你学到的知识就越多。你可以和朋友组成品酒小组，一起办品酒会，或一起去葡萄酒吧、餐厅共享一瓶酒，体验不同的葡萄酒的差别，还可以让侍酒师为你们设计葡萄酒套装。你可以参加一些葡萄酒专卖店举办的品酒活动，在那里，你不仅能免费品尝多种葡萄酒，还能结识许多和你一样喜欢葡萄酒的人，或许你们可以组成品酒小组。

● 品酒时要专注。

品酒时一定要专注！把你的手机放在一旁，专注于你手中的这杯酒。别忘了你在打造"风味图书馆"！你如果因为手机而分心，就无法正确地存储这些风味了。所以，品酒时一定要专注地体会酒的风味。

■ 闻各种气味。

这有助于你打造"风味图书馆"。我喜欢闻黄油、面包等食物的香气，也会在路过农贸市场时深吸一口气，感受草莓、番茄及各种香料的香气。品酒时，最先感受到气味的器官是鼻子，所以你要尽可能多地闻一闻各种气味。

▽ 去旅行。

我为了了解基安蒂酒，曾在托斯卡纳住了三个月。后来，我甚至仅靠品尝就能判断这款酒产自哪个村庄。去葡萄酒的产区旅行和实地考察确实能加深你对葡萄酒的认识，提高你的鉴赏能力。你不需要特意去各个葡萄园，但我强烈建议你找机会来一次葡萄酒品鉴之旅。你可以去巴黎、罗马或巴塞罗那等城市，每天品尝两三款葡萄酒，搭配当地的美食更能充分感受酒的风味。与朋友一起来一场葡萄酒之旅就更好了，因为有时别人提出的一些问题是你没想到的，这可以使你的思维更广阔。

我最喜欢的葡萄酒品鉴地

☐ **意大利 上阿迪杰**

这里民风淳朴，风景如画，葡萄酒非常实惠。这里的酿酒师比勃艮第等高端产区的酿酒师热情得多。你可以参观以合作社模式运营的泰拉诺酒庄，那里有许多陈年酒。位于塔明镇的霍夫斯泰特尔酒庄也值得一去，它是世界上最好的黑皮诺红葡萄酒酿造商。你可以从米兰或威尼斯出发去那里，这样中途你就可以开始你的葡萄酒品鉴之旅了。

☐ **奥地利**

这里的人非常友善，这里的酒非常适合搭配食物，而这里的酿酒师在葡萄的种植方面非常注重环保。你可以参观瓦赫奥产区坐落于罗马风格的圣·斯蒂芬大教堂附近的尼古拉荷夫（Nikolaihof）酒庄，它的地窖就是罗马人建的！酒庄旁边有许多漂亮的小酒馆。你可以在维也纳多待一段时间，那里有很多酿酒商，这在全世界范围内都非常少见。花一晚上的时间来一场维宁格（Wieninger）酒庄探索之旅是必不可少的！

☐ **美国 加利福尼亚州**

这里非常有趣！你可以多多关注索诺马县或圣塔芭芭拉。你最好去那些出入管理严格的酒庄！你可以参观当地非常有名的汉歇尔（Hanzell）酒庄，然后去赫希酒庄领略索诺马海岸美不胜收的景色，最后去霍岛生蚝餐厅（Hog Island Oyster Co.）吃顿午餐。

▽ 不要停止学习。

　　找到与你口味相仿的葡萄酒评论家，读一读他/她发表的有关葡萄酒的文章。比如杰西斯·罗宾逊在《金融时报》（*Financial Times*）上以及她的个人网站上发表的文章，埃里克·阿西莫夫在《纽约时报》（*New York Times*）上发表的文章，莱蒂·蒂格（Lettie Teague）在《华尔街日报》（*Wall Street Journal*）上发表的专栏文章，以及安东尼奥·加洛尼发表的文章等，都值得你参考和学习。要想知道谁和你口味一致，最简单的方法就是买一瓶葡萄酒评论家评分在 93 分（杰西斯的 20 分评分制中的 16 分或 17 分）左右的葡萄酒，然后给出你自己的看法。100 分的酒是能让所有人都满意的酒。此外，你可以在社交媒体上关注一些有趣的侍酒师，看看他们在喝什么酒，去了什么地方喝酒。这是一种非常有趣的学习方式，你会经常有一些新的选择，尤其是在你关注的侍酒师喜欢旅游的情况下。在社交媒体上关注你常去的葡萄酒专卖店则可以让你得到与品酒会和新品相关的信息。

翻到第 222 页以获取更多资料，扩展你的葡萄酒知识！

这些迹象表明你将成为一位葡萄酒鉴赏家

☐ 吃午餐时就开始考虑吃晚餐时喝什么酒。

☐ 为了品鉴葡萄酒而旅行。

☐ 在社交媒体上关注一些侍酒师。

☐ 关注了杰西斯·罗宾逊。

☐ 成为不止一家葡萄酒俱乐部的会员。

☐ 把家里的地下室改造成酒窖。

☐ 购买了不止一只高级葡萄酒杯。

☐ 在社交媒体上发起有关葡萄酒的话题。

☐ 开始盲品。

☐ 在网上浏览餐厅的酒单。

☐ 能辨别波尔多左岸和波尔多右岸的葡萄酒。

进阶品酒方法

▶ 当你决定尝尝除了俄勒冈州黑皮诺红葡萄酒和各产区的霞多丽白葡萄酒之外的葡萄酒时，探索葡萄酒世界就成了一件很有挑战性的事，但这能让你大有收获。你可以和兴趣相投的人一起探索。记住，一起探索的人越多，能品尝的葡萄酒就越多，每个人分摊的费用也就越少。下面是一些建议。

▽ 按时间线纵向探索

尝尝同一酿酒商 2012~2016 年出产的所有葡萄酒，感受酿酒师在这几年间的变化，以及哪些年份天气比较恶劣。记住，气候较温暖的年份的葡萄酒一般酒精度较高，而气候较寒冷的年份的酒酸度较高。你可以从《醇鉴》（*Decanter*）、《葡萄酒观察家》（*Wine Spectator*）等杂志及杰西斯·罗宾逊的个人网站上找到这些葡萄酒的酿造年份。你可以用"2015 年：多雨，七月有冰雹，酿造完成时正值温暖的夏季，葡萄的收获期非常早"等信息检索到合适的葡萄酒。

→ 尝一尝：朱利安·苏尼尔酒庄的福乐里村红葡萄酒、科特酒庄的黑皮诺红葡萄酒、彼得·劳尔的酒庄雷司令白葡萄酒。

● 按特定年份探索

尝尝某国某产区不同年份的葡萄酒，了解不同的天气情况对葡萄酒造成的影响：凉爽多雨的年份的葡萄酒和炎热干燥的年份的葡萄酒在风格上有何差别？它们的果味分别是如何呈现的？它们的酒精度如何？它们的酸味如何在口腔中绽放？你可以上网查一下不同国家（也可以选择同一国家）哪些年份炎热，哪些年份凉爽，这能帮助你更好地选择葡萄酒，每个年份的葡萄酒选择三瓶即可。

→ 尝一尝：德国的莱茨酒庄、彼得·劳尔酒庄和凯勒（Keller）酒庄在 2017 年（非常炎热的一年）酿造的葡萄酒，可以将它们与这三个酒庄在 2016 年（较凉爽的一年）酿造的葡萄酒做比较。

■ 按代际探索

有些酿酒师的孩子会接手父母的产业，从事酿酒工作。有时，两代人之间的酿酒风格差异非常大，就像古典音乐与摇滚音乐一样。因此，分别尝尝两代酿酒师酿造的葡萄酒是非常有趣的事。

→ 尝一尝：阿洛伊斯·克拉赫和格哈德·克拉赫酿的多款葡萄酒、马塞尔·拉皮埃尔和马蒂厄·拉皮埃尔酿的墨贡村红葡萄酒、迪迪埃·达格诺和路易－邦雅曼·达格诺酿的普伊－富美白葡萄酒、乔纳森·帕比奥和迪迪埃·帕比奥酿的普伊－富美白葡萄酒。

▲ 探索高端产区

要建立葡萄酒"风味图书馆"，你需要在记忆库中存储一些经典葡萄酒的风味。所以，你还要探索波尔多、勃艮第、皮埃蒙特和里奥哈等产区的葡萄酒。费用绝对是个问题，这意味着你可能需要放弃买每瓶 25 美元的葡萄酒，而把钱全部用来买那些每瓶 60 美元的高端葡萄酒。如果你们的品酒小组有 10 个人，每人出 50 美元，就可以买一瓶玛歌葡萄酒，每人尝半杯。以这种方式品酒的主要目的是感受那些能够谓之"好酒"的葡萄酒的风味，从而扩大你的参考范围。你如果最终发现自己非常喜欢巴罗洛红葡萄酒，但它的价格超出了你的承受范围，你可以选择较便宜的葡萄酒，如阿尔巴内比奥罗红葡萄酒。但你一定不要在过度市场化的葡萄酒上花太多钱。我一直强调，酒的包装越华丽，或葡萄酒专卖店的网站做得越时髦，商家真正花在葡萄酒上的时间和精力就越少。

→ 尝一尝：一些第二梯队的葡萄酒，比如靓茨伯酒庄的副牌酒、帕塔乐酒庄的马沙内葡萄酒、约瑟夫·德鲁安酒庄的香波－慕西尼村葡萄酒、费尔西纳酒庄的经典基安蒂珍藏红葡萄酒、超级托斯卡纳葡萄酒、蒙特贝汀讷酒庄的波高利多园红葡萄酒。

当葡萄酒尝起来
有这些味道时如何处理

□ 卷心菜味

　　采用现在非常流行的还原法酿造的葡萄酒一般带有这种味道。你如果不喜欢这种味道，可以先醒酒再喝。

□ 马德拉化

　　即酒中有氧化味或煮熟的水果味。一般情况下，将酒开瓶后放在冰箱里冷藏几小时就可以消除这种味道。你也可以用它搭配奶酪，因为奶酪能先包裹住你的味蕾。

□ 老鼠毛皮味

　　这种味道是因酒香酵母菌的作用而产生的，在自然酒中比较常见。有些人很喜欢酒香酵母菌，但也有些人受不了这种味道。醒酒能减轻这种味道。

□ 霉塞味

　　去葡萄酒专卖店退货。

□ 醋味

　　这种情况没办法补救。或许你可以把它当醋来用。

火山土壤能赋予雷司令各种各样的风格，用这些雷司令酿的每一款酒都有细微的差别。你也可以用澳大利亚的设拉子红葡萄酒或法国罗讷河谷产区的酒做同样的尝试。

■ 盲品

　　你不需要蒙住客人的眼睛，只需用纸包住瓶身，让客人在没有预知的情况下专注地品尝酒的味道。你如果提前倒酒，可以用纸作杯垫，在纸上画 6 个酒杯底大小的圆圈，这样大家就不会把酒搞混，还能在品酒过程中做笔记。你如果足够自信，可以把它变成一场集体猜谜游戏；或者大家一起做笔记，然后分享（或者不分享）。盲品能让人提出许多问题：这是新世界葡萄酒还是旧世界葡萄酒？是法国葡萄酒还是意大利葡萄酒？你能猜出这款酒是用哪种葡萄酿的吗？你觉得这款酒陈化过吗？在盲品结束时，所有答案都会揭晓。小贴士：品酒前不要吃辛辣的食物或喝咖啡，这会使你的味觉功能减弱。

→ 尝一尝：根据自己的喜好选酒即可！

● 品味土壤对葡萄酒的影响。

　　这可能是最古怪的一种品酒方法，却是我最爱的品酒方法之一。我一直说"欧洲的侍酒师品土壤，美国的侍酒师品果味"。伯纳丁餐厅的侍酒师萨拉·托马斯曾问我这句话的意思，我立刻为她办了一场品酒会。我挑选了几款德国不同产区的雷司令白葡萄酒，因为德国不同产区的土壤的差异很大，这样能更好地体会土壤对葡萄酒的影响。摩泽尔产区的红板岩、蓝板岩、灰板岩土壤，那赫产区的砂岩土壤，莱茵高产区的石英岩土壤和法尔兹产区的

试试这个手机应用软件

　　若泽·安德烈斯推出了一款名为葡萄酒游戏（WineGame）的手机应用软件，它可以根据你拍下的葡萄酒照片为你安排一次模拟盲品，模拟盲品过程中有一些提问环节。注意：这是一个竞技类小游戏，能使人上瘾！

看阴历挑日子
喝葡萄酒

➤ 几个世纪以来，农民们一直根据阴历决定何时播种和收获。除此之外，阴历可以告诉你哪天最适合喝葡萄酒。20 世纪早期，鲁道夫·施泰纳创立了生物动力农业体系，他认为葡萄藤的生长与四种元素有关：土、水、风、火。当月亮绕行到与特定元素相关的星座时，这种元素就会发挥作用，这就决定了葡萄酒的味道什么时候最好。你可以对此表示质疑，但我崇拜的酿酒师对这种说法深信不疑！

平时，我对我非常熟悉的葡萄酒不会产生任何异样的感觉；但有时我会觉得同一款葡萄酒，后来喝的那一瓶不如之前喝的那一瓶味道好。与其把问题归咎于酒，不如这样想：我们在满月时容易产生压力过大等问题，虽然我不知道葡萄酒本身是否会因月相而改变，但我认为我们的感知能力会因此改变。

小贴士

最佳品酒时机（When Wine Tastes Best）是一款很有用的手机应用软件，可以让你在指尖感受酒的变化。所以，你在开一瓶高价酒之前，可以用这款应用软件查一查日期是否合适。

品酒月历

这只是一个示例，每个月的月历都不同！

		1	2	3	4	5
6	7	8	9	10	11	12
13	14	15	16	17	18	19
20	21	22	23	24	25	26
27	28	29	30	31		

根日
根日不是品酒的好日子，此时葡萄酒风味闭塞。在根日，月亮位于土相星座：摩羯座、金牛座和处女座。

♑ ♉ ♍

叶日
在叶日，植物忙于合成叶绿素，所以葡萄酒尝起来没那么有活力。在叶日，月亮位于水象星座：巨蟹座、天蝎座和双鱼座。

♋ ♏ ♓

花日
在花日，很适合闻葡萄酒的香气，因为此时葡萄酒的香气会增强。在花日，月亮位于风象星座：双子座、天秤座和水瓶座。

♊ ♎ ♒

果日
这是最适合品酒的日子，此时，葡萄酒风味绽放、芳香四溢。在果日，月亮位于火相星座：白羊座、狮子座和射手座。

♈ ♌ ♐

213

年份很重要

➤ 你会因为买到一瓶年份不好的葡萄酒而生气，也会因为买到一瓶年份好的葡萄酒而兴奋。当你在一家高档餐厅点了自己出生年份的葡萄酒时，当你思考在葡萄酒专卖店买的那瓶年轻的葡萄酒是否适合陈化时，当你想知道为什么 2009 年的勃艮第葡萄酒比 2011 年的贵这么多时，这种情况经常发生。现在市面上的一些图表能告诉你哪些年份的酒值多少钱以及不应该买哪些年份的酒，但我并不喜欢这些图表。

酿酒葡萄的品质如何，取决于当年的天气和葡萄的收获期。在凉爽多雨的年份酿造的葡萄酒酸度较高，果味较淡；而在炎热的年份能酿造出"酒精炸弹"。有霜冻或冰雹的年份酿的酒呢？呵，在这种天气下可能没法酿酒。理想的年份意味着葡萄生长所需的雨水和阳光能够达到完美的平衡，葡萄不会腐烂和遭受霉菌侵害，果实完全成熟（茎和种子都呈棕色）。但是，每个国家，每个地区，甚至同一个地区不同的葡萄园，出产的葡萄酒都是不同的。所以怎么可能通过图表来量化它们的价值呢？

你需要记住的另一件事是，葡萄酒评论家们会在许多勃艮第葡萄酒和波尔多葡萄酒——葡萄酒收藏家们最喜欢收藏的酒——的期酒①时期或酿造完成时就对它们进行评判和打分。他们怎么知道这些酒在二三十年后表现如何呢？或者说，他们怎么知道所谓的坏年份的酒不会在较短的时间内陈化成好酒呢？记住，任何酿酒师都能在丰收的年份酿出好酒，但伟大的酿酒师才知道如何在糟糕的年份酿出好酒。所以，你如果想搜罗便宜点儿的葡萄酒，可以看看那些知名酒庄在不太好的年份酿造的葡萄酒。我曾与小说家兼葡萄酒图书作家杰伊·麦金纳尼和沃尔奈产区的酿酒师纪尧姆·安热维尔一起品酒，我们从近年出产的葡萄酒品尝到 1928 年的葡萄酒。真正让我们惊讶的是，所谓较差的年份的葡萄酒表现得非常出色。因此，不要歧视年份不好的葡萄酒！

简单来说，我很少储藏每瓶价格低于 30 美元的葡萄酒，因为这些酒在年轻时就应该被喝掉，你能品尝到酒中的一级风味（花果风味，如菠萝味、樱桃味、草莓味、青苹果味、柑橘类水果味、玫瑰味、桉树味、青椒味）和二级风味（发酵风味，如橡木味、香料味、咖啡味、雪松味、黄油味、酸奶味）。

用不同品种的葡萄酿的酒陈化后的表现也各不相同，随着陈化时间的增加，酒中的一级风味和二级风味会逐渐变得稀薄，而三级风味（陈化风味，如松露味、干树叶味、雪茄烟草味、奶油味、糖果味）会更加突出。陈化后，葡萄酒会散发出非常迷人的香气。酒中的各个元素可以和谐共存，酒香在味蕾上久久不散。喝陈年酒是一种挑战，你需要思考陈化给葡萄酒酒体带来的变化；喝年轻的葡萄酒则并非如此，你不需要过多地思考，可以大口喝，尽情享受即可。所以，葡萄酒的年份还是很重要的。

**试试
这个法子**

和你最喜欢去的葡萄酒专卖店的售货员或者了解你口味的侍酒师谈谈，告诉他们你打算品尝陈年酒的想法。不要从 1945 年的木桐（Mouton Rothschild）酒庄红葡萄酒开始品尝！你可以先买一瓶陈化 5 年的红葡萄酒，适应了之后再品尝同一款或同一产区陈化 10 年的红葡萄酒。这样你就有了参照，能更好地了解这些葡萄酒的发展过程。

---

① 期酒：简单来说，就是消费者与葡萄酒进口商预先签订合同、预先付款购买
指定的葡萄酒，但需等待一段时间（通常是一到两年）才能拿到酒。一般情
况下，酿造投资级葡萄酒的酒庄会在好的年份销售期酒。——译者注

购买陈年酒

➤ 你是不是觉得从别人那里购买陈年酒听起来简单易行？如果是，那你可能需要好好想想。和人体一样，葡萄酒也有老化曲线。而且，在软木塞的作用下，每瓶酒的陈化表现都不完全相同。买陈年酒时，你需要知道这瓶酒产自哪里。但是，除非你是专业买家，否则你很难做到这一点。这瓶酒是否一直保存在避光、温度可控的环境中？它从其他国家进口，然后运输到各家葡萄酒专卖店的过程中，是否全程储存在温度可控的容器里？储存时它是否一直被平放，且软木塞保持湿润状态？这些都很难保证。假如你在某场拍卖会上或在网上买到一瓶陈年酒，你如何知道它是否在别人家的冰箱里或厨房里待了 40 年呢？很不幸，这些信息你往往无从知晓。

这就是为什么你应该从信誉好的葡萄酒专卖店或拍卖行购买陈年酒。一旦软木塞老化，空气便会慢慢钻入酒瓶，从而加速酒的老化。我们专业人士可以通过观察瓶肩处的液位来判断酒是否被软木塞污染，也可以通过查看酒标来判断它是否因光照或潮湿而变质。当然，如果酒被竖直摆放在葡萄酒专卖店里，那就可以直接放弃它了。

有关酿酒年份表的一些补充

→ 首先，我要跟那些酿酒年份表道歉，因为我必须说，我真的非常讨厌它们。对那些经验丰富、打算窖藏葡萄酒的收藏家来说，它们非常有用，但网上的酿造年份表的信息其实很不全面。以勃艮第产区为例，该产区的边缘区域和山谷中也有许多酒庄，每家酒庄都有自己的小气候，所以"某一年对该产区所有酒庄来说都是最好的酿酒年份"这种笼统的结论是错误的。

最好的年份的酒当然是最昂贵的，也是最难找到的。但我更喜欢寻找所谓较差的年份的葡萄酒，因为它们不仅比好年份的酒至少便宜一半，而且陈化所需时间较短。这些"壁花"常常在无人问津时绽放。

白葡萄酒 vs. 红葡萄酒

　　虽然与陈年白葡萄酒相比，大家更喜欢陈年红葡萄酒，但是许多白葡萄酒的陈化效果确实很好。德国、奥地利以及法国阿尔萨斯的雷司令白葡萄酒都很不错。夏布利白葡萄酒、勃艮第白葡萄酒、酒农香槟酒、年份香槟酒以及卢瓦尔河谷白诗南白葡萄酒等的陈化表现都很优异。当然，类似的适合陈化的白葡萄酒还有很多，在这里我只列举了一些入门级的。

　　勃艮第产区、波尔多产区、罗讷河谷产区、巴罗洛产区、巴巴莱斯科产区和里奥哈产区的葡萄酒，在陈化后品质基本都有所提升。单宁大多来自葡萄皮、葡萄梗和葡萄籽，橡木桶中也有一些单宁，当你品尝一款年轻的红葡萄酒时，其中尚未柔化的单宁仿佛在你的味蕾上铺了一块毛毯，会让你感觉这款酒（尤其是波尔多红葡萄酒）风味稀薄。大多数人不会购买年轻的红葡萄酒，你如果买了，可以体味一下它们的风味如何在你的味蕾上呈现，以及单宁消失的速度。通常，它们在陈化后单宁柔和，果香充分释放，风味也更好地呈现出来。

……vs. 桃红葡萄酒

　　桃红葡萄酒适合即买即饮。如果你买的桃红葡萄酒是用黑皮诺酿的，或来自一些知名的酒庄，如邦多勒产区的丹派酒庄，那么即使你买回来后忘记喝，不小心放了一两年，这瓶酒依然可以饮用。

那些极好（出产的酒非常昂贵）的年份

→ 你知道为什么法国有些 2005 年的红葡萄酒的价格是同一葡萄园 2006 年红葡萄酒价格的两倍吗？因为人们普遍认为 2005 年是个非常好的年份。如果你和我一样，想搜罗一些便宜点儿的酒，你可以寻找那些优质酿酒商在不好的年份酿造的葡萄酒。购买这些葡萄酒带来的额外好处是你通常不必在享用它们之前等待太久。虽然我刚说过我讨厌酿酒年份表，但我还是在这里罗列了一些比较好的年份。你可以选择性地接纳它们！

2016 奥地利

2014 西班牙

2011 皮埃蒙特

2010 勃艮第 （白葡萄酒和红葡萄酒）

2009 波尔多

2008 香槟

2007 勃艮第 （白葡萄酒）

2004 托斯卡纳 皮埃蒙特

2004 罗讷河谷 勃艮第 波尔多

2000 波尔多

1999 勃艮第 （红葡萄酒）

我什么时候才能喝?!

桑娇维塞红葡萄酒
（基安蒂产区）

歌海娜红葡萄酒（南罗讷河谷产区）

佳美红葡萄酒

桃红葡萄酒（马上喝！）

年 ——●1——●2——●3——●4——●5———————————●10———————————●15

普洛塞克起泡酒/阿斯蒂甜白起泡酒/卡瓦起泡酒（马上喝！）

无年份香槟酒（马上喝！）

灰皮诺白葡萄酒

霞多丽白葡萄酒（口感激爽的
或口感清新的）

起泡酒

维欧尼白葡萄酒及孔得里约产区的其他白葡萄酒

长相思白葡萄酒

霞多丽白葡萄酒（质地如奶油般细腻的或带黄油味的）

罗讷河谷的白葡萄酒

勃艮第白葡萄酒

年份香槟酒

慕斯卡德白葡萄酒

→你不可能准确得知一款葡萄酒最适合饮用的时刻，因为每年的酿酒葡萄不同，葡萄园和酿酒师也不同。了解一款酒，最好的方法就是买6~12瓶一模一样的酒，然后分12年喝完。记得做笔记！这能很好地帮助你了解葡萄酒如何变化。我提供的指南时间跨度很大，至于你是否喜欢陈年酒，取决于你自己。

内比奥罗红葡萄酒
（巴罗洛产区或巴巴莱斯科产区）
赤霞珠红葡萄酒（波尔多产区）
西拉红葡萄酒
丹魄红葡萄酒
梅洛红葡萄酒（波尔多右岸产区）
赤霞珠红葡萄酒（纳帕谷产区）

黑皮诺红葡萄酒
（勃艮第产区或加利福尼亚州产区）

20　30　50　年

白诗南白葡萄酒

雷司令
白葡萄酒

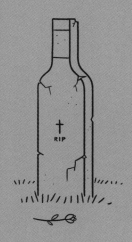

为什么你现在就应该享用你为特殊场合储藏的葡萄酒？

　　我觉得许多葡萄酒爱好者的某些习惯挺奇怪，其中一个习惯就是他们总想把一瓶特别的葡萄酒留到某个特殊场合喝。然而，真的到了那时，他们又感觉那个场合没那么特殊，于是把那瓶酒留下来，等待下一个特殊场合。等着等着，适合喝这瓶酒的特殊场合尚未来临，人却离开了，于是那瓶酒传到了他们的子女手上，可能被送给邻居或贱卖给拍卖行。所以，你到底在等什么？我的理念是，无论何时，打开一瓶葡萄酒的场合就是特殊的场合。

219

葡萄酒
收藏

入门级

指 南

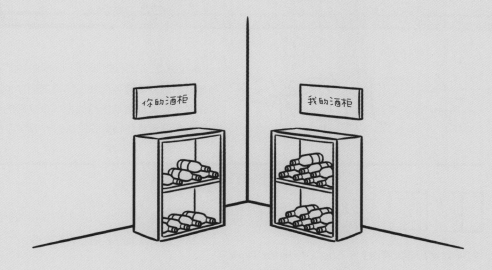

▽ 先品尝再决定。

你在开始投资之前，第一步，也是最重要的一步，是弄清楚你喜欢什么，不喜欢什么。你至少要花几年的时间来买酒、品酒，让你的味觉有足够的时间进化。如果你一开始就在澳大利亚为设拉子红葡萄酒建了一个酒窖，但几年后你又想品尝其他葡萄酒，那你该怎么做？所以，收藏葡萄酒前要多品尝，多积累经验，找到自己的舒适区。

◉ 酒的种类要全面。

我会买大牌葡萄酒作为投资，但我收藏的大部分葡萄酒都是用来日常饮用的。我会考虑季节（以及和这些葡萄酒搭配的菜肴）等因素，并将我收藏的葡萄酒分为酒体轻盈的（易饮的）、酒体中等的和酒体饱满的。

△ 向专家咨询。

在收藏过程中，你可以与葡萄酒专业人士合作。这些专业人士可以是你常去的葡萄酒专卖店的店主，也可以是你喜欢的侍酒师，你可以请他们帮你打造你自己的收藏库。

■ 不要过度依赖拍卖会。

你在弄清楚自己的喜好之前，不要把所有的钱都投到拍卖会上。的确，有时拍卖会上有一些非常划算的酒，但也可能有许多陷阱。由于你不直接在酿酒商那里买酒，无法了解它在储存过程和运输过程中的情况，所以你也无从知晓它是否完好无损。此外，一般来说，拍卖行会收取 22% 左右的佣金，除此之外还有销售税和配送费！而且，和在葡萄酒专卖店买酒不同，如果你在拍卖行买到的酒有质量问题，你不能退货。（在网上买酒也是如此。）所以，在此我要强调：人与人的关系相当重要，你如果在拍卖会上买酒，就一定要和拍卖行的工作人员搞好关系。

◉ 避免意外发生。

为你的伴侣单独打造几个酒柜，这样的话，他／她在与朋友聚会，匆匆忙忙地拿瓶酒时，就不会不小心拿到你的那些超级珍贵、打算放 20 年再喝的酒了。这一点非常关键，因为真的可能发生令人心痛的意外……

221

学习资料

→ 除了我之前提到的那些可以帮助你了解葡萄酒年份和酿酒葡萄种植条件的葡萄酒评论家，还有许多学习资料有助于你成为一个成熟的葡萄酒专家。在这里我列举了我喜欢的一些学习资料。

图书

《24 堂葡萄酒大师课》（*The 24-Hour Wine Expert*），杰西斯·罗宾逊著。这本书堪称葡萄酒界的"迷你圣经"，你可以通过读这本书提高学习葡萄酒知识的效率。杰西斯堪称女神！你如果做好了进到最高阶的准备，可以看看杰西斯在 2015 年参与编写的《牛津葡萄酒辞典》（*The Oxford Companion to Wine*）。

《看图学葡萄酒》（*Wine Folly*: *Magnum Edition*: *The Master Guide*），马德琳·帕克特和贾斯廷·哈马克著。这本书将风味、葡萄品种和产区的信息图像化，生动且易于记忆。如果你是一个视觉学习者，那它一定是你最好的学习伙伴。

《新红酒准则》（*The New Wine Rules*），容·博内著。这本书摒弃了以往那些乏味的套路，用机智、诙谐的方式描述葡萄酒。

《寻找香槟》（*Champagne*: *The Essential Guide to the Wines*, *Producers*, *and Terroirs of the Iconic Region*），彼得·林著。这是一本内容极其丰富、详尽的香槟酒指南，对你而言必不可少。这本书中独特的折叠式插页地图使其具有较高的收藏价值。

《侍酒师的秘密》（*Secrets of the Sommeliers*），拉雅·帕尔著。通过读这本书你可以了解顶级侍酒师喝的酒，以及他们喜爱的平价酒。

《葡萄酒的真相》（*The Juice*: *Vinous Veritas*），杰伊·麦金纳尼著。这是一本有趣的、具有教育意义的书，它能带你了解一些很棒的、经典的葡萄酒。

手机软件

葡萄酒识别（Delectable）提供了有趣的方式来记录你喜欢的葡萄酒。给酒瓶拍张照片，这款软件就能告诉你在哪里可以买到这瓶酒。它还可以让你看到你通过这款软件结识的朋友最近在做什么，你们还可以讨论其他话题。

葡萄酒评论与评级（Vinous）的研发团队将酒评、年份表和评论文章结合在一起，你

可以用手机拍下酒标的照片，上传至这款软件，搜索你想要的葡萄酒的信息。

 杂志

《葡萄酒与烈酒》（Wine & Spirits）

葡萄酒作家乔希·格林在该杂志上发表了许多堪称完美的调研文章。他是我最喜欢采访的人之一。

《精品葡萄酒》（Fine）

这是一本欧洲的杂志，是非常棒的香槟酒指南。

哪位酒评家与你更合拍?

→ 你是一个追求新奇的葡萄酒的人，还是一个对波尔多葡萄酒很感兴趣的人？以下是一些顶级葡萄酒评论家的喜好。

□ 罗伯特·帕克

罗伯特喜欢带有一丝谷仓味、风味浓郁集中、口感强劲的葡萄酒。他主要关注波尔多、加利福尼亚州、澳大利亚和南美洲各国的葡萄酒。

□ 杰西斯·罗宾逊

杰西斯喜欢经典的葡萄酒，也喜欢微妙又精致的葡萄酒。她会探索世界各地的酒，对新兴产区的接受度也较高。她往往用记者的眼光看待葡萄酒，表达观点直截了当，她的文章中没有一句废话。

□ 埃里克·阿西莫夫

他喜欢有点儿古怪、风格偏离常规的葡萄酒，以及有价值且有内涵的葡萄酒。

□ 安东尼奥·加洛尼

他喜欢充满活力、酸度高的葡萄酒，钟爱意大利、香槟和加利福尼亚州的葡萄酒。

□ 艾丽斯·费林

她被誉为"自然酒女王"。她喜欢在名为"奎弗瑞"的蛋形大陶罐中发酵的酒，以及法国一些小酒庄的酒。

□ 《葡萄酒观察家》的一些签约作家

许多为这本杂志供稿的葡萄酒图书作家都喜欢加利福尼亚州的酒庄和波尔多的酒庄，以及一些知名度更高的酒庄，不喜欢那些小型的、比较新潮的酒庄。

4

美酒与
佳肴

▶ 我相信，一瓶好葡萄酒可以成就你的一餐，也可能毁掉你的一餐。这句话使我显得过于傲慢，估计任何大厨听到这句话都不高兴，但我确实是这么认为的。假如有位顾客来伯纳丁餐厅用餐，他执意要点一瓶在我看来会盖过主菜味道的葡萄酒，我敢打赌他们走的时候一定会这样说："餐厅氛围蛮好的，服务也不错，侍酒师也还可以……但是，嗯……并没有让我眼前一亮。"（对那些非常坚定、一定要点一瓶特别的红葡萄酒来庆祝特殊日子的顾客来说，我的说服力显然远远不够……）在我看来，他们没有百分之百的惊喜感的原因是他们点的葡萄酒与菜肴并不搭配。

如果菜肴与葡萄酒搭配合理，你就会发现，忽然之间，所有的风味元素都联系起来了，葡萄酒的味道和菜肴的味道都得到了提升。你能品尝出它们之间的和谐感，也能获得更多的愉悦感，这是非常美好的体验。我一直把菜肴与葡萄酒的完美搭配比作一场完美的婚姻：没有任何一方占据主导地位，双方和谐共处，相互影响。

某些食物会影响你品尝某些葡萄酒的味觉体验：辣椒的辛辣口感会放大加利福尼亚州霞多丽白葡萄酒的高酒精度带来的刺激感，使这款酒喝着更激爽；生蛋黄会粘在你的味蕾（以及杯沿）上，即使是最好的香槟酒与它搭配，你也不会觉得好喝。要知道香槟酒是款百搭酒，可以与 98% 的菜肴搭配。另外，大多数泰国菜都适合搭配雷司令干型或半干型白葡萄酒，泰国菜中的酸味、甜辣味、椰子味和其他水果的味道与雷司令白葡萄酒的味道交融，成就了绝佳的美味。圣约瑟夫产区的葡萄酒略带金属味和矿物味，搭配三分熟的煎牛排，能使牛排的味道更鲜美。对我来说，没有比法国霞多丽白葡萄酒配扇贝更好的组合了，二者味道互补，极其美妙，尝过的人几乎都会爱上这种搭配。

　　每次我在伯纳丁餐厅为新菜搭配葡萄酒时，厨师们都会像看疯子一样看我。我会端着满满一托盘的各种酒进厨房，还会为白葡萄酒准备一碗冰，防止厨房的高温影响它们的味道。我会尝试一些我知道的搭配，也会尝试一些看上去驴唇不对马嘴的搭配，比如用啤酒搭配巧克力甜点。但这些看似奇怪的组合往往能带给我惊喜。

　　在餐厅为客人搭配菜肴与葡萄酒比自己在家搭配难得多。因为工作的时候，我需要与餐厅的主厨埃里克·里佩特合作，为他做的精致菜肴搭配合适的葡萄酒；而我在家更愿意一切从简。找到适合与埃里克做的菜搭配的酒是很有挑战性的事，举个例子，为他做的腌波斯黄瓜搭配合适的酒，真的令我有些头痛。和大多数人一样，我在家时会做点儿简单的烧烤、意大利面和炖菜等，不会添加花哨的酱料，而且做的食物分量比较大，因此我下班后的饮酒生活非常轻松。所以，你不必害怕搭配菜肴与葡萄酒这件事。

　　虽然在家吃的菜和在餐厅吃的菜完全不同，但我依然会搭配适合整顿饭的酒。当然，如果我吃的是番茄酱意大利面，我就不喝香槟酒，而喝基安蒂酒！埃里克说过，波尔多红葡萄酒可以搭配一切菜肴。虽然我不同意这个观点，但波尔多红葡萄酒确实是款百搭酒。另外，有许多合适的搭配值得你探索。

　　接下来，我将提出一些搭配建议。但你不要把它们当作信条拿来就用，而需要自己尝试之后选出适合你的。希望我的建议可以帮助你。

完美地搭配菜肴与葡萄酒

▼ 常规指南

→ 首先你需要明确一点：没有人家里有完美、百搭的葡萄酒。有些葡萄酒搭配沙拉可能味道不错，但搭配牛排就有些突兀；而有些葡萄酒虽然能让牛排更味美，但搭配甜点很糟糕，就像两人在 KTV 里毫无默契地合唱一样。表面看上去，本国的葡萄酒搭配本国的食物似乎很合理，但是仔细想想，意大利有上千种酿酒葡萄，而意大利面的种类比酿酒葡萄种类更多，所以并非本国所有的酒都适合搭配本国的食物。因此，你要么选择最百搭的香槟酒或非常百搭的绿维特利纳白葡萄酒，要么就需要一餐开两瓶不同的酒（可以开一瓶标准瓶装的酒和一瓶半瓶装的酒）。否则，你就只能接受这顿饭并不完美了。

口感清爽的葡萄酒很适合和朋友分享，但它们不一定是餐桌上的最佳选择。你可以选择一些酒精度适中（12% vol~13% vol），并且酸度和果味处于平衡状态的酒。

你如果一餐打算喝不止一瓶酒，那么理想的情况是喝的葡萄酒的酒体饱满度逐渐提高。你如果先喝了一瓶酒体宏大、香气浓郁的葡萄酒，那你接下来最好不要喝比它酒体轻盈的酒。你一定要记住这一点。

百搭的酒

- ☑ 绿维特利纳白葡萄酒
- ☑ 波尔多红葡萄酒
  （埃里克·里佩特的最爱）
- ☑ 香槟酒或起泡酒
- ☑ 经典基安蒂葡萄酒
- ☑ 雷司令干型白葡萄酒
- ☑ 阿尔巴利诺白葡萄酒

▢ 打破成规

白葡萄酒＋鱼

对我来说，比起思考吃鱼时应该喝什么酒，更重要的是确定鱼的烹饪方式。如果是煮的鱼，可以搭配白葡萄酒；如果是烤的鱼，那红葡萄酒与鱼的烟熏味和焦香味更搭。你只需注意不选单宁含量高的红葡萄酒，比如赤霞珠红葡萄酒或内比奥罗红葡萄酒。你可以试试黑皮诺红葡萄酒，或普罗旺斯的邦多勒产区的红葡萄酒，将后者稍微冰镇后饮用，微凉的酒液可以为烤鱼提鲜，同时减轻烤鱼的油腻感。

红葡萄酒＋牛排

为什么不试着用白葡萄酒搭配牛排呢？你可以选择口感强劲的罗讷河谷白葡萄酒，也可以选择果味浓郁的勃艮第霞多丽白葡萄酒或纳帕谷霞多丽白葡萄酒。用桃红香槟酒搭配牛排也很不错。

红葡萄酒＋奶酪

尝试用白葡萄酒搭配奶酪吧！（详见第 238 页）

● 如何在餐厅选择最完美的搭配

→ 如果餐厅不按杯售卖搭配食物的葡萄酒，你可以请侍酒师根据你点的菜推荐葡萄酒。

→ 你如果想点一瓶酒，可以告诉侍酒师你点的菜和你的预算，让他帮你选择。

→ 你如果特别想喝某款酒，可以询问侍酒师如何搭配菜肴。因为他很可能尝过菜单上的每一道菜和酒窖里的每一款酒，所以你可以相信他。

餐前……

一般情况下，我会选择酒体轻盈、口感清爽、带有柑橘味且果味和香气不太浓的酒作为餐前酒，主要是为了清理味觉并激发食欲（酸味能使人分泌唾液）。灰皮诺白葡萄酒、白皮诺白葡萄酒、阿尔巴利诺白葡萄酒和绿酒都是很有意思的酒。我知道有些人喜欢在餐前喝点儿长相思白葡萄酒，但是新西兰的长相思白葡萄酒过于芳香，酒精度也较高，如果你在餐前就喝这么浓烈的酒，那在用餐时你的味蕾就会变得迟钝。所以，虽然听着有点儿啰唆，但我要再说一遍：绿维特利纳白葡萄酒或香槟酒适合作为餐前酒。

葡萄酒的替代品

（没错，下面这些组合可以随意交换。）

○ 牛奶巧克力＋西麦尔修道院啤酒

○ 酸橘汁腌鱼＋日本清酒

○ 牛排＋波旁威士忌

○ 生鱼片＋白色龙舌兰酒或梅斯卡尔酒

我给肖恩·卡特和碧昂斯推荐过这种搭配，他们非常喜欢！我还因此给他们寄了一瓶西麦尔修道院啤酒。

必不可少的搭配模版

当美酒遇到
美食

➤我经常在下午 5 点左右收到朋友发来的短信，问我他们当天的晚餐应该搭配什么酒。我根据葡萄酒的种类、食物的风味特征、食物种类以及菜系，提出了一些搭配建议。当然，这些建议比较笼统，没有顾及太多细节。你可以把这些建议当作搭配之旅的起点。

灰皮诺白葡萄酒

轻食沙拉
炸鱿鱼
金枪鱼罐头
寿司
（或单纯作为餐前酒）

雷司令白葡萄酒

生鱼片
火腿
含水果或海鲜的沙拉
炒饭

长相思白葡萄酒

生鱼片
（搭配桑塞尔白葡萄酒）
意大利菜
（搭配桑塞尔白葡萄酒）
蔬菜
（搭配新西兰长相思白葡萄酒）
龙虾卷
（搭配新西兰长相思白葡萄酒）

绿维特利纳白葡萄酒

鱼
沙拉
烧烤
薯条
奶酪通心粉

霞多丽白葡萄酒

鸡肉
龙虾
鳕鱼
虾
烤蔬菜

黑皮诺红葡萄酒

家禽肉
三文鱼
鳕鱼
火鸡

梅洛红葡萄酒

鸡肉
猪肉
红烩牛肉
羔羊肉

赤霞珠红葡萄酒

牛排
羔羊肉
烤香肠
帕玛森干酪

西拉红葡萄酒

牛排
猪肉
马铃薯
烤蔬菜

不同种类的葡萄酒的用途或适合搭配的食物

肉类

牛排

西拉红葡萄酒 / 圣约瑟夫红葡萄酒

波尔多红葡萄酒

门西亚红葡萄酒

羔羊肉

赤霞珠红葡萄酒

冰镇黑皮诺红葡萄酒

桑娇维塞红葡萄酒

猪肉

梅洛红葡萄酒

丹魄红葡萄酒

佳美红葡萄酒（适合搭配猪五花肉）

雷司令白葡萄酒（适合搭配火腿）

博若莱新酒（适合搭配熟食）

鸡肉

黑皮诺红葡萄酒

佳美红葡萄酒

西西里岛红葡萄酒

加利福尼亚州霞多丽白葡萄酒

绿维特利纳白葡萄酒

（适合搭配炸鸡）

汉堡包

博若莱新酒

新世界的黑皮诺红葡萄酒

意大利面

红酱意大利面

西西里岛红葡萄酒

肉酱意大利面

桑娇维塞红葡萄酒

海鲜意大利面

弗留利白葡萄酒

记住，你在烹饪时使用的调料会影响食物与葡萄酒的搭配。欢迎你来到我擅长的领域！

根据食物种类搭配葡萄酒

最佳搭档

♥ **经典系列**

牛排 + 波尔多红葡萄酒

松露意大利面 + 巴罗洛红葡萄酒

生蚝 + 香槟酒

汉堡包 + 黑皮诺红葡萄酒

龙虾 + 加利福尼亚州霞多丽白葡萄酒

炖鱼 + 桃红葡萄酒

龙利鱼 + 勃艮第白葡萄酒

! **意想不到的搭档**

比萨 + 香槟酒或美国佳美红葡萄酒

泰式木瓜沙拉 + 雷司令干型白葡萄酒

（12.5 % vol 以上）

墨西哥薄饼 + 阿尔巴利诺白葡萄酒

巧克力 + 修道院啤酒

蓝纹奶酪 + 汝拉黄葡萄酒（由萨瓦涅白葡萄酿成，陈化后酒液呈金黄色）

海鲜

金枪鱼

黑珍珠红葡萄酒
（适合搭配烤金枪鱼）

三文鱼

黑皮诺红葡萄酒
新西兰长相思白葡萄酒

虾

长相思白葡萄酒
霞多丽白葡萄酒

扇贝

白诗南白葡萄酒
霞多丽白葡萄酒

生海鲜

慕斯卡德白葡萄酒
夏布利白葡萄酒
圣托里尼岛白葡萄酒
香槟酒或克莱芒起泡酒

鳟鱼

灰皮诺白葡萄酒
桑塞尔白葡萄酒

我最爱的适合家庭的搭配

☐ **牛排 + 烤蘑菇 + 北罗讷河谷红葡萄酒**

我爱科尔纳斯产区的和罗第丘产区的酒。有时我不想花太多钱，就会购买圣约瑟夫产区的酒。

☐ **越南面包 + 雷司令干型白葡萄酒**

芳香的雷司令干型白葡萄酒与越南面包中薄荷和酸黄瓜的味道很搭，酒中的矿物味也能减轻越南面包的油腻感。

☐ **牛仔骨 + 陈年仙粉黛红葡萄酒**

在感恩节我会选择这种搭配，因为我非常讨厌火鸡。幸运的是，仙粉黛红葡萄酒拯救了我。

☐ **番茄通心粉 + 弗留利白葡萄酒**

大蒜、罗勒叶和未经加工的、熟透的番茄搭配通心粉，再来一杯酒体轻盈的弗留利白葡萄酒，简直像在度假。

根据食物种类搭配葡萄酒

？ 很难与葡萄酒搭配的食物

未经加工的番茄：试试搭配澳大利亚或弗留利的长相思白葡萄酒。

黄瓜：适合搭配风味清晰、有质感的葡萄酒，如灰皮诺白葡萄酒。

辣椒：尝试搭配带点儿残糖的葡萄酒，如雷司令白葡萄酒。

鸡蛋：香槟酒的酸味可以中和鸡蛋黄略腻的口感，酒中的残糖也可以掩盖蛋黄的腥气。

青彩椒：新西兰长相思白葡萄酒或风味丰富的普伊-富美白葡萄酒都可以与它搭配。

有草本植物味的

阿尔巴利诺白葡萄酒
雷司令干型白葡萄酒
（12.5% vol 以上）
酒体轻盈的长相思白葡萄酒
（12.5% vol 以下）

有木本植物味的

普罗旺斯红葡萄酒
邦多勒红葡萄酒
陈年里奥哈红葡萄酒
桑娇维塞红葡萄酒

有辛辣味的

带残糖的雷司令白葡萄酒
（11% vol 以下）
白诗南半干型白葡萄酒
普洛塞克起泡酒

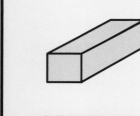

含黄油或奶油的

香槟酒
普洛塞克起泡酒
霞多丽白葡萄酒

油腻、脂肪含量过高的

阿尔萨斯雷司令白葡萄酒
北罗讷河谷西拉红葡萄酒
仙粉黛红葡萄酒

有烟熏味的

杜埃罗河岸红葡萄酒
里奥哈红葡萄酒
马尔贝克红葡萄酒
纳帕谷赤霞珠红葡萄酒

有臭味的或发酵的

仙粉黛红葡萄酒
加尔纳恰红葡萄酒
罗讷河谷红葡萄酒

含干酪的

起泡酒
桑娇维塞红葡萄酒
佳美红葡萄酒

有泥土味或蘑菇味的

陈年红葡萄酒
陈年白葡萄酒
西拉红葡萄酒
慕合怀特红葡萄酒
里奥哈珍藏级红葡萄酒

根据食物的风味搭配酒

有苦味的

长相思白葡萄酒

白皮诺白葡萄酒

多种风格的灰皮诺白葡萄酒

有（生）大蒜味的

长相思白葡萄酒

维欧尼白葡萄酒

桑娇维塞红葡萄酒

丹魄红葡萄酒

新世界的霞多丽白葡萄酒

维蒙蒂诺白葡萄酒（搭配有熟

大蒜味的食物）

有酸甜味的

雷司令白葡萄酒

绿维特利纳白葡萄酒

普洛塞克起泡酒

含坚果的

绿维特利纳白葡萄酒

阿尔巴利诺白葡萄酒

长相思白葡萄酒

有椰子味的

雷司令白葡萄酒

普洛塞克起泡酒

白诗南半干型白葡萄酒

有柠檬味的或酸的

长相思白葡萄酒

卡瓦起泡酒

维欧尼白葡萄酒

根据食物的风味搭配酒

有海洋味的

雷司令干型白葡萄酒

绿维特利纳白葡萄酒

桃红葡萄酒

有酱油味的

雷司令白葡萄酒

灰皮诺白葡萄酒

日本清酒

有咸味的

长相思白葡萄酒

阿尔巴利诺白葡萄酒

维蒙蒂诺白葡萄酒

泰国菜

雷司令半干型白葡萄酒
（11% vol 以下）
绿维特利纳白葡萄酒
冰镇黑皮诺红葡萄酒（搭配熟
的菜肴）

越南菜

香槟酒
雷司令半干型白葡萄酒
冰镇黑皮诺红葡萄酒

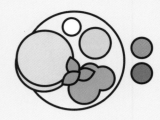

印度菜

雷司令白葡萄酒
西拉红葡萄酒
梅洛红葡萄酒

中餐

黑皮诺红葡萄酒
起泡酒（搭配中式点心）
加利福尼亚州霞多丽白葡萄酒
新西兰霞多丽白葡萄酒
雷司令半干型白葡萄酒（搭配川菜）

日本菜

绿维特利纳白葡萄酒
雷司令白葡萄酒
桑塞尔白葡萄酒

韩国菜

白诗南白葡萄酒
赤霞珠红葡萄酒
西拉红葡萄酒

法国菜

赤霞珠红葡萄酒
黑皮诺红葡萄酒
阿尔萨斯灰皮诺白葡萄酒
西拉红葡萄酒

地中海菜

灰皮诺白葡萄酒
维蒙蒂诺白葡萄酒

意大利菜

经典基安蒂葡萄酒
多姿桃红葡萄酒
西西里岛红葡萄酒
蓝布鲁斯科起泡酒
桃红起泡酒

墨西哥菜

啤酒

新西兰长相思白葡萄酒

桃红葡萄酒

弥生红葡萄酒

加勒比菜

啤酒

卡瓦起泡酒

美国南部菜

霞多丽白葡萄酒

白诗南白葡萄酒

西班牙菜

里奥哈红葡萄酒

西拉红葡萄酒

门西亚红葡萄酒

伊朗菜

里奥哈红葡萄酒

陈年皮埃蒙特红葡萄酒

年份较久的香槟酒

挪威菜

自然酒!

绿维特利纳白葡萄酒

根据食物所属的菜系搭配酒

东欧菜

陈年雷司令白葡萄酒

蓝佛朗克红葡萄酒

阿根廷菜

马尔贝克红葡萄酒（搭配牛排）

赤霞珠红葡萄酒

重点提示:

每个国家都有许多不同的菜肴，所以我不可能用几页纸完全囊括它们和适合与它们搭配的酒。所以，我在这里只笼统地列出一些组合，你如果想要更具体的搭配建议，可以把你想吃的食物告诉你常去的葡萄酒专卖店的售货员或餐厅的侍酒师，听听他们的建议。

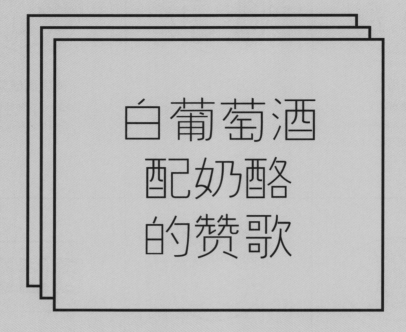

白葡萄酒
配奶酪
的赞歌

➡️一般情况下，人们吃奶酪时喝红葡萄酒，但我想说，其实绝大多数奶酪都非常适合搭配白葡萄酒。真的！

我发现，红葡萄酒中的单宁和酸性物质与奶酪中的蛋白质冲突，二者的味道都会因此受到不良影响。（你有没有尝过红葡萄酒配蓝纹奶酪？像喝了一口氨水！）而白葡萄酒的残糖含量和酸度较高，果味较浓，因此具有更高的适配性。口感清爽、甜度较高的白葡萄酒在遇到奶酪时，其风味不会被奶酪略腻的口感掩盖，可以顺畅地展现出来。

说到口感清爽，我想和你分享一个小秘密：你如果不喜欢那些风味过重的白葡萄酒，可以尝试用它搭配奶酪。在这里，我罗列了奶酪和葡萄酒的多种组合。

山羊奶酪

桑塞尔白葡萄酒
长相思白葡萄酒

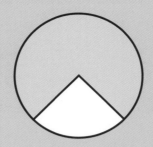

布里奶酪 / 卡芒贝尔奶酪

香槟酒
苹果白兰地

孔泰干酪 / 瑞士干酪

汝拉黄葡萄酒
黑皮诺红葡萄酒

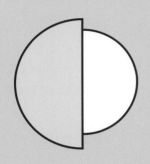

埃波斯奶酪

勃艮第陈年红葡萄酒
科尔纳斯红葡萄酒

切达干酪

波尔多葡萄酒
西班牙雪莉酒

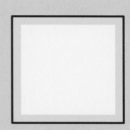

芒斯特奶酪

绿维特利纳白葡萄酒
阿尔萨斯灰皮诺白葡萄酒

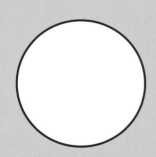

马苏里拉奶酪 / 布拉塔奶酪

灰皮诺白葡萄酒
绿维特利纳白葡萄酒
卢瓦尔河谷出产的酒体轻盈的
长相思白葡萄酒

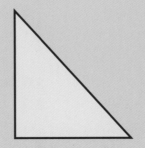

帕玛森干酪

巴贝拉红葡萄酒
桑娇维塞红葡萄酒

佩科里诺奶酪

西西里岛红葡萄酒
托斯卡纳红葡萄酒

术语表

以下是你在不断学习、了解葡萄酒相关知识的过程中可能遇到的一些有关品酒和酿酒的术语。

艰涩的（austere）：形容葡萄酒的酸度极高、单宁含量高，难以判断这种酒是用哪种葡萄酿造的。

平衡的（balanced）：指葡萄酒的甜度、酸度、单宁含量、酒精度和酒体饱满度都处于平衡状态，没有一个要素表现突出。

农场味（barnyard）：指挥发性动物味成分。换句话说，肥料味、牛味、尿味——凡是你能想到的农场中的臭味，都属于这种味道。

贵腐菌（botrytis）：一种能感染葡萄，使葡萄（尤其是白葡萄）甜度更高，为葡萄酒增添焦糖味和果味的真菌。

酒香酵母菌（brett）：英文全称为 Brettanomyces，是一种能使红葡萄酒散发出类似于马汗味和谷仓味——这是自然酒的特征——的酵母菌。

耐嚼的（chewy）：形容葡萄酒单宁厚实、口感干涩，仿佛可以咀嚼。

内敛的（closed）：指葡萄酒在舌尖上呈现的味道非常棒，风味丰富但香气闭塞。醒酒可以让香气慢慢散发出来。

霉塞味（corked）：指葡萄酒闻起来像潮湿的酒窖，有白蘑菇的味道。

爽脆的（crisp）：酸度较高、口感清爽。主要用于形容白葡萄酒、桃红葡萄酒和香槟酒。

干型（dry）：指残糖含量极低——每升残糖含量为 1~10 g——的葡萄酒。

尖锐（edges）：形容葡萄酒的酸度和单宁含量偏高，入口会产生轻微刺痛感。是圆润的反义词。

精巧的（finesse）：形容葡萄酒风格优雅、口感层次转化巧妙，恰到好处。拥有这种特点的葡萄酒就像古典音乐一样美妙。

紧实的（firm）：形容葡萄酒单宁口感明显但不粗糙。

松弛的（flabby）：形容葡萄酒酸度偏低。

紧致的（grippy）：形容葡萄酒单宁结合紧密，有些难以下咽。

果酱味（jammy）：形容葡萄酒果味集中、口感饱满。

清冽的（linear）：指葡萄酒口感活泼，风味明确，所有味道都直接呈现在酒中。

马德拉化（maderized）：指葡萄酒在空气中和／或在高温下暴露太久，它的棕黄色和焦糖味能令人想起葡萄牙的甜酒马德拉酒。

硫醇（Mercaptan）：酵母菌在发酵过程中或发酵后产生的化合物，有臭鸡蛋的味道。

矿物味（minerality）：葡萄酒中的板岩、白垩土、潮湿的石头或砾石的味道。酒中并非真的有矿物质。人们相信矿物味能展现葡萄酒原产地的风土。

老鼠味（mousy）：指葡萄酒闻起来有老鼠毛皮或老鼠笼子的气味。

口感（mouthfeel）：描述葡萄酒入口时的感觉。

半干型（off-dry）：指残糖含量为每升 17~35 g 的葡萄酒。

氧化味（oxidized）：指葡萄酒因与氧气接触过多而失去了新鲜度和果味。这可能是把喝剩的葡萄酒放在未封口的酒瓶或酒杯里过久导致的，也可能是因为软木塞腐坏或将酒瓶直立储藏了太长时间。

味觉（palate）：一个人的品酒能力和偏好，更确切地说，是舌头与葡萄酒接触时产生的感觉。

还原味（reductive）：葡萄酒在发酵过程中没有获得足够的氧气，从而产生的卷心菜和白芝麻的味道。

丰富的（rich）：指葡萄酒质地厚重，果香浓郁，香料味重，残糖含量较低，口感比较奔放。

圆润（round）：指葡萄酒单宁顺滑又不过于柔和。

柔顺的（supple）：指葡萄酒的酸度和单宁含量适中。

高单宁（tannic）：指葡萄酒所含的单宁能使饮酒者的口腔变干。单宁含量高的葡萄酒通常适合搭配富含脂肪的食物。

植物味（vegetal）：青彩椒、青番茄和卷心菜等绿色蔬菜的味道。

致 谢

因为你们，才有了一本原本不在我计划之内的书！

➤ 首先，我要特别感谢埃里克·里佩特和他的两个"小天使"卡西·雪莉和切尔西·雷诺，是他们指引我开始写这本书。我一直非常幸运，但这也得益于幕后团队的艰苦工作和付出。我还要特别感谢金伯利·威瑟斯庞和他的团队在合同签订过程中做了艰巨的工作，以及在此过程中他们的耐心。

感谢克里斯汀·穆尔克，没有她，这本书将以英语和德语的奇怪结合版语言出版，其中还会夹杂着无数我自创的词。在节假日及周末，阿尔多·索姆葡萄酒吧和她的公寓是我写这本书的场所。虽然我仍然认为我们在每周五早上骑自行车到纽约第六大道见面很疯狂，但我承认她做的羊角面包比我做的好！我怀念我们在那段时间里的晨会讨论的内容。我要感谢她的才华和智慧，她让这本书有了我的风格。

感谢本·谢克龙、托米·哲拉利亚以及他们的餐厅团队，他们每天都能让我开心，让我感觉我们像兄弟一样。此外，我还要感谢克里斯·马勒和埃里克·格斯特尔领导的厨师团队，以及在我的葡萄酒吧工作的克里斯·沙利文。

我还要感谢我的老板玛吉·勒科兹，她是我共事过的最好的老板。她的高标准造就了非常神奇的工作氛围，让我拥有了难以想象的奋斗平台。谢谢她对我的信任，也谢谢她让我们的办公区域一直那么干净整洁！

我要感谢兰登书屋的主编苏珊·卡米尔，感谢她几年来一直鼓励我写书。她的支持与鼓励对我意义重大，给了我信心。

感谢克拉克森·波特出版社的珍妮弗·西特，感谢她全身心地投入到这个项目，她的编辑能力令我叹为观止，感谢她指引我走向正确的方向。

感谢设计师阿莱娜·沙利文，她让这本书（以及这本书的出版计划书）那么与众不同！

感谢波特出版社的所有人——米娅·约翰逊、特里·迪尔、安德烈亚·波尔塔诺瓦、希瑟·威廉森和戴维·霍克，感谢他们的才华，是他们把这本书带到了这个世界上。

感谢萨拉·托马斯，感谢她的热情和才华。在我需要她的时候，她总在我身边。感谢她修改了我在社交媒体上发布的帖子，增加了话题的趣味性，让我能够从不同的角度看问题。

感谢卡贾·沙尔纳格尔和安德烈·孔佩尔领导的伯纳丁餐厅和阿尔多·索姆葡萄酒吧的侍酒师团队，我的成就也是他们的成就。吉利·洛克伍德和马里·韦龙，我依旧把他们当作我的团队成员，感谢他们做的校对工作和提出的意见。

感谢我的葡萄酒吧团队，我喜欢品尝和设计新的鸡尾酒！

感谢我的三位"小白鼠"阿里·斯莱格尔、夏洛特·伍德拉夫·戈杜和瑙·米祖诺，感谢他们在我去斯里帕泰国餐厅吃晚餐时向我表达他们的想法，让我受到启发。

感谢索姆 & 克拉赫葡萄酒项目中，我的合作伙伴格哈德·克拉赫，以及他的夫人伊冯娜，感谢我们之间深厚的友谊，以及他们对这个项目的支持和付出。我在他们身上学到了很多！

感谢奥地利扎尔图玻璃厂的约瑟夫·卡纳和马丁·欣特莱特纳，他们给了我一次美妙的体验。感谢他们一直以来的支持！

感谢我曾经的导师沃尔夫冈·哈格斯泰纳、奥特马尔·普法伊费尔以及奥地利蒂罗尔州圣约翰的滑雪学校的英格丽德·纳赫特曼教授。教我是一件极具挑战性的事情，感谢他们引导我走上了这条路。

感谢阿迪·维尔纳和赫尔穆特·约尔格，是他们点燃了我内心的火焰，让我成了一名侍酒师。谢谢他们允许我在休息时间参加他们办的品酒会，并且经常帮我修改我的品酒笔记。

感谢我在侍酒师学校的导师和侍酒师大赛的培训老师诺伯特·瓦尔德尼格，感谢他当年在我退缩时仍然没有放弃我，谢谢他对我的鼓励——还有我们深厚的友谊！

感谢汤姆·恩格尔哈德和威利·巴兰朱克这两位非常棒的侍酒师培训老师。感谢美国侍酒师协会的安德鲁·贝尔，感谢他如此热情地欢迎我来美国，并帮助我进步和发展。

感谢史蒂文·施拉姆医生、帕特里克·米兹拉希医生和米夏埃拉·安格雷尔，感谢他们一直照顾我，关心我的身体状况和心理状况，让我可以不断前进。他们不知疲倦地在幕后工作，为我的成功打下了基础。

感谢伯纳丁餐厅的好友们和客户们，在餐厅的日常工作中，我从他们那里得到了很多快乐。感谢我所有的侍酒师朋友，是他们一直激励着我，让我变得更好。

感谢那些分享自己的专业知识的酿酒师。感谢让－马克·鲁洛，他是一位伟大的导师。我有幸接触的所有葡萄酒进口商和经销商——感谢他们，我每天都在学习。

感谢所有的记者和媒体朋友，感谢他们对我的信任，让我能在我的职业道路上走下去。

感谢博比·斯塔基、拉雅·帕尔、帕斯卡利娜·勒佩尔捷和艾丽斯·费林，感谢他们在百忙之中抽空跟我讲自然酒的知识，这些内容令我大开眼界，让我学到了很多。感谢他们做我的朋友。

感谢我的两位好朋友阿尔多·迪亚斯和默里·哈迪，有了他们的陪伴，我对骑行充满激情。

感谢我的父亲约瑟夫和我的母亲罗斯维塔，感谢他们在我面临职业生涯的艰难抉择时为我指引正确的方向。我的兄弟伊沃，我同父异母的妹妹蒂娜和乔安娜，还有我在奥地利的家人们，感谢他们给了我美好的童年记忆。

感谢玛吉特·索姆，她见过我刚接触葡萄酒时的样子，见过我在前进道路中的坎坷和比赛那几年的艰辛。我从心底感谢她。没有她就没有这一切。

最后，我要感谢我的伴侣凯瑟琳·罗曼，她总是耐心地站在我身边，用无条件的爱支持我的所有决定。她总能使我的生活平静下来，确保我能骑自行车、能有充足的睡眠。没有比我们一起做饭、喝酒更让我感到幸福的事了。

阿尔多·索姆